いちばんやさしい新しいSEOの教本 第3版

人気講師が教える検索に強いサイトの作り方

E-E-A-T 対応

著者プロフィール

江沢真紀（えざわ・まき）

アユダンテ株式会社 SEOコンサルタント

アユダンテの創業メンバー。SEOは2001年から、数百のプロジェクトに携わる。SEOセミナーや講演の登壇歴も多数。

コガン・ポリーナ（Polina Kogan）

アユダンテ株式会社 SEOコンサルタント

SEOだけでなく、Googleアナリティクスや広告の知識を生かしサイト設計からコンテンツ構成まで幅広く担当。グローバルサイトが得意分野。

西村 彰悟（にしむら・しょうご）

アユダンテ株式会社
デジタルマーケティングエンジニア

SEO、GA4、タグマネジメントなど幅広い方面からデジタルマーケティングをサポートするエンジニア。得意分野はトラブルシューティング。

アユダンテ株式会社

2006年2月設立。SEOのコンサルティング、運用型広告の代理店事業、アナリティクスなどデジタルマーケティング支援、インターネット新規事業の企画・開発に取り組む。国内ローンチ当初からのGoogleアナリティクス認定パートナーであり、Googleアナリティクス360リセラーとしての実績も多数。またソフトウェア開発事業として、Twitterクライアント「つぶやきデスク」の企画・開発・運用を行う。

○ Webサイト：https://ayudante.jp/

本書の内容は特に記載のない限り、2023年10月時点の情報に基づいています。
本文内の製品名およびサービス名は、一般に各開発メーカーおよびサービス提供元の登録商標または商標です。
なお、本文中にはTMおよび®マークは明記していません。

はじめに

本書は、2014年2月に初めて出版され、多くの方に支持いただいた『いちばんやさしい新しいSEOの教本人気講師が教える検索に強いサイトの作り方』の3版です。

2版の改訂の肝であったMFIが標準となった3版では、4章以降の画面設計や外部施策、技術関連の章は、最新の内容へと大幅に書き換え、新しくコンテンツ施策の章を設けました。一方で、「ユーザーの検索意図を理解し、キーワードを調査してサイト構造やコンテンツを作る」というSEOに対する基本的な考え方は変わりません。1章から順に読むことで、この基本を理解いただければと思います。

2023年は、ChatGPTを皮切りにBingなどのチャットボットやGoogle SGE（検索結果の生成AI）などが次々に登場し、SEOは過渡期にあると捉えています。今後AIによってSEOのあり方が大きく変わるかもしれません。そんな変革期を前に、本書では長期的に役立つ本質的なSEOの考え方を念頭に置いています。その象徴がE-E-A-Tです。どんなにサイトを最適化しても、E-E-A-Tの「経験」「専門性」「権威性」「信頼」が担保できていなければSEOの効果は見込めません。E-E-A-Tを学ぶことは、小手先の施策から脱し、SEOの本質をつかむよいきっかけになると思います。いまこそ、検索エンジンではなく、ユーザーに対して本当によいサービスやコンテンツを提供していく必要があるのです。

本書は企業の新任Web担当者の方に読んでいただくことを想定し、SEOの知識を「やさしく」解説しています。いまのSEOはやるべき作業が多岐にわたり、1人で取り組むには範囲が広すぎるのですが、現時点で知っておくべき知識を、なるべく網羅することを目指しました。ぜひ関係会社や関係部署の方と連携して、チームでSEOに取り組んでみてください。本書がWeb担当者の皆さんのお役に立てれば幸いです。

2023年10月
著者陣を代表して　江沢真紀

目次

いちばんやさしい 新しいSEO の教本 第3版
人気講師が教える
検索に強いサイトの作り方
E-E-A-T対応

Contents
目次

著者プロフィール ……………………… 002

はじめに ………………………………… 003

索引 ………………………………………… 253

Chapter 1 SEOの目的と考え方を身に付けよう　page **11**

Lesson　　　　　　　　　　　　　　　　　　　　　　　page

01 [SEOとは]
現在のSEOについて正しい理解を持とう ………………… 012

02 [SEOの仕組み]
SEOの仕組みやメリット、デメリットを理解しよう ……… 014

03 [SEOの準備]
SEOでやるべき作業を理解しよう ……………………… 016

04 [クローラー、インデックス]
検索エンジンの仕組みを知ろう ………………………… 018

05 [自然検索結果（オーガニック検索結果）]
検索結果画面はサイトのトップページだと考えよう ……… 021

06 [検索結果の構成要素]
検索結果の構成要素を知ろう …………………………… 023

07 [MFIとスマートフォンのマイクロモーメント]
スマートフォン時代のSEOを考えよう ………………… 026

08 [Googleの提唱するサイトの信頼性]
E-E-A-Tの概念とやるべきことについて理解しよう ……… 028

09 [AIチャットボットとSEO]
AIとSEOの関係について理解を深めよう ……………… 030

目次

Chapter 2 検索意図を探って有効なキーワードを見つけよう
page 33

Lesson 10 ［検索意図］
訪問者の検索ニーズとその背景に注目しよう ································ 034

Lesson 11 ［キーワードの濃さ］
キーワードの検索ボリュームと「濃さ」の関係を知ろう ··········· 037

Lesson 12 ［キーワードツール］
想像に頼らずキーワードツールを使おう ······························· 039

Lesson 13 ［サイトのターゲット］
サイトがターゲットとする訪問者を書き出そう ······················ 042

Lesson 14 ［キーワードの選定］
キーワードをリストアップして検索数を調査しよう ··············· 044

Lesson 15 ［キーワードの分析］
リストアップしたキーワードと検索ニーズを分析しよう ·········· 051

Lesson 16 ［カテゴリの考え方］
SEOを考慮したカテゴリを作ろう ······································· 055

Lesson 17 ［カテゴリの作成］
独自データのカテゴリでSEO的な差を付けよう ···················· 057

Lesson 18 ［マルチアサイン、重要度フラグ、エイリアス］
カテゴリにあると便利な機能を知ろう ································· 061

Chapter 3 業種別に最適なサイト構成を考えよう
page 65

Lesson 19 ［サイト構成の考え方］
サイト構成はユーザーの検索ニーズから考えよう ·············· 066

目次

Lesson page

20 [業種別サイトマップ＆キーワードマップ①]
ECサイト・ネットショップは幅広いキーワード対策を
重視しよう ⋯⋯⋯⋯⋯⋯⋯⋯⋯⋯⋯⋯⋯⋯⋯⋯⋯⋯⋯⋯⋯⋯⋯⋯ 068

21 [業種別サイトマップ＆キーワードマップ②]
ブログサイトは時間軸とソーシャルメディアを意識しよう ⋯ 072

22 [業種別サイトマップ＆キーワードマップ③]
ニュースやメディアサイトはフローとストックで整理しよう ⋯⋯ 075

23 [業種別サイトマップ＆キーワードマップ④]
美容・健康系のサイトは悩み解決の
コンテンツを活用しよう ⋯⋯⋯⋯⋯⋯⋯⋯⋯⋯⋯⋯⋯⋯⋯⋯⋯ 079

24 [業種別サイトマップ＆キーワードマップ⑤]
不動産サイトは技術面でサイトを見直そう ⋯⋯⋯⋯⋯⋯⋯ 082

25 [業種別サイトマップ＆キーワードマップ⑥]
旅行・宿泊施設サイトはニーズに幅広く応えよう ⋯⋯⋯⋯ 086

26 [業種別サイトマップ＆キーワードマップ⑦]
B2Bサイトは扱う商材で様々な対策を考えよう ⋯⋯⋯⋯⋯ 090

Chapter 4 適切な内部対策で
SEOの効果を高めよう
page 95

Lesson page

27 [画面設計の基本]
スマホ時代の画面設計のポイントを理解しよう ⋯⋯⋯⋯⋯ 096

28 [SEOを意識したWebサイトの全画面共通要素]
全画面に共通する必要なSEO要素をまず知ろう ⋯⋯⋯⋯ 100

29 [トップページの画面構成]
トップページは重要なページのリンクを意識して構成しよう ⋯ 105

30 [カテゴリページの画面構成]
カテゴリページではナビゲーションを工夫しよう ⋯⋯⋯⋯ 108

31 [詳細ページの画面構成]
詳細ページはコンテンツの独自性と
ユーザビリティを重視しよう ⋯⋯⋯⋯⋯⋯⋯⋯⋯⋯⋯⋯⋯⋯ 112

Lesson **page**

32 [記事ページの画面構成]
ユーザーの「知りたい」ニーズに応える
記事ページを作ろう 115

33 [検索結果の表示対応]
titleとmetaタグで検索結果の表示内容を最適化しよう 119

34 [リッチリザルトへの対応]
構造化データマークアップで
多様な検索結果に対応しよう 122

35 [画像と動画の最適化]
画像検索と動画検索に対応しよう 126

Chapter 5 質の高いサイト外施策でWeb
サイトの価値を高めよう **page 131**

Lesson **page**

36 [外部施策とは]
外部施策の基本を理解しよう 132

37 [Googleのポリシー違反について]
外部リンクの違反行為に気を付けよう 134

38 [Googleの手動による対策について]
手動による対策を受けた場合の対応方法を知ろう 137

39 [ソーシャルメディアの効果]
ソーシャルメディアとSEOの関係を知ろう 141

40 [ソーシャルメディアの最適化]
ソーシャルメディアで拡散されやすい
コンテンツを作ろう 144

41 [YouTube検索への対応]
YouTubeの動画SEOの基本を知ろう 146

42 [Googleビジネスプロフィール]
Googleビジネスプロフィールで
店舗や会社の情報を管理しよう 149

目次

007

目次

Chapter 6 E-E-A-Tを見据えた コンテンツマーケティング
page 153

Lesson 43 ［E-E-A-Tの基本］
読み物系コンテンツで重要なE-E-A-Tを意識しよう ……… 154

44 ［読み物系ページの制作①］
読み物系ページのキーワードを対策しよう ……………… 157

45 ［読み物系ページの制作②］
読み物系ページのキーワードから
コンテンツを作ってみよう ………………………………… 161

46 ［ヒートマップ分析①］
ヒートマップツールを導入してみよう …………………… 170

47 ［ヒートマップ分析②］
スクロールとタップを分析してみよう …………………… 174

48 ［ヒートマップ分析③］
レコーディングを分析してみよう ………………………… 178

49 ［読み物系ページ制作の要点］
読み物系ページで大事なことを確認しよう ……………… 182

Chapter 7 技術的な問題を解決して 優れたWebサイトを目指そう
page 185

Lesson 50 ［URLのベストプラクティス］
URLのベストプラクティスを理解しておこう …………… 186

51 ［リダイレクト］
やむを得ないURL変更時は
適切なリダイレクトを実施しよう ………………………… 192

008

Lesson

52 ［クロールバジェット］
クロールバジェットを意識してサイトの設計を見直そう……196

COLUMN
Webページの情報をAIに使われたくないとき……201

53 ［インデックスの制御］
インデックスを制御する方法を知ろう……202

54 ［重複コンテンツ］
重複コンテンツに適切に対応しよう……204

55 ［XMLサイトマップ］
サイトマップを正しく活用しよう……207

56 ［スマホ版サイト］
スマートフォン向けサイトを正しく構築しよう……210

57 ［ページの表示速度］
ページの表示速度を調査して改善しよう……213

58 ［JavaScriptの利用］
SEOにおけるJavaScript利用時の
注意点を確認しよう……217

59 ［ページネーション］
ページネーションをSEOに最適化しよう……220

Chapter 8 SEOの効果を分析して
さらなる改善を進めよう **page 223**

Lesson

60 ［SEOの効果検証］
SEOの効果は数字で検証しよう……224

61 ［効果検証の準備］
SEOの効果を測る準備をしよう……226

62 ［サイトの状態の確認］
Search Consoleでサイトの状態を確認しよう……230

目次

Lesson

63 [インデックス状況の確認]
サイトのインデックス状況を
Search Consoleで調べよう ·························· 232

64 [検索パフォーマンス]
検索結果でのクリック状況や
流入キーワードを把握しよう ·················· 236

65 [Looker Studio]
Search Consoleのレポートをダッシュボード化しよう ········ 240

66 [Googleアナリティクスの設定]
Googleアナリティクスを正しく設定しよう ·············· 243

67 [トラフィック獲得]
検索エンジンごとの集客状況を調べよう ··························· 245

Appendix

付録 E-E-A-T対応チェックリスト ······························· 251

Chapter 1

SEOの目的と考え方を身に付けよう

新任のWeb担当者になり、会社のホームページやブログを運用していくことになった方、上司からSEOをやってと言われ右も左もわかりませんという方、本書で最新のSEOを正しく学んでいきましょう！

Lesson 01 [SEOとは]

現在のSEOについて正しい理解を持とう

Chapter 1 SEOの目的と考え方を身に付けよう

このレッスンのポイント

上司に「会社のホームページのSEOをやって」と言われ、ちょっと調べたら、「検索結果で1位に表示されること」と出てきました。本当にそれがSEOの目的でしょうか？ SEOの本質が何かを、まずは正しく理解しましょう。

● SEOは検索順位を上げるためだけのものではない

Web担当者

会社のECサイトのWeb担当者になった！ 上司からは「健康食品」というキーワードで1位を取ってねと言われたから、SEO会社に依頼して検索順位を上げてもらわないと。ついでにAIを使ってブログもたくさん書いてみよう！

この担当者はいろいろと勘違いしているようです。そもそもSEOとは何でしょうか？ SEO会社とは何をするところですか？ 検索順位を上げてくれる？ そんなうまい話はありません。

想像してみてください。もし、お金を払うだけでこの担当者が販売する「健康食品」という検索キーワードの順位を上げてくれるサービスがあったら、どうなるでしょうか？「健康食品」で検索して表示されるサイトのうち、最もお金を多く払ったサイトが1位に表示されるでしょう。そうなると、お金を払えるサイトしかSEO対策ができなくなってしまいます。そんなサイトしか表示されない検索エンジンなんて誰も使いませんよね。

SEOとは「検索エンジン最適化」というマーケティング手法であって、広告ではありません。検索エンジンの向こう側にいる訪問者のニーズに応える商材やサービスを用意し、使いやすいサイトにしていく最適化の方法です。

SEOとはお金で検索順位を買うようなものではありません。AIも検索エンジン対策のために使うのはよくないのです。

検索順位は簡単には変えられない

Googleをはじめ、検索エンジン各社は検索結果を意図的に操作されないように、細心の注意を払い、そのために非常に大きなコストをかけています。SEO会社が無理やり検索順位が上がるよう操作し、検索結果に影響を与えるようなことをしても、すぐにGoogleの知るところとなり、評価を下げられてしまいます。なぜなら、検索結果はGoogleの商品だからです。検索結果の操作は商品に毒を入れるようなもの。商品に対する信頼を失墜させます。

検索エンジンは検索結果の「質」をとても大切にしているのです。

Googleは質の高い検索結果を維持するために、検索順位をアルゴリズムによって決めています。例えばページのコンテンツの品質や、他のサイトからどのくらいリンクされているかなど、順位を決めるシグナルは数百以上あるとされますが、その内容は公開されていません。そのため何か1つの対策をやっても、簡単に順位が上がるものではないのです。

SEOの本質は訪問者のニーズに応えるサイトを続けること

検索順位を決めるアルゴリズムは日々変化し、最近はアルゴリズムにも多数のAIが使われています。それらを追いかけ続けて対策するのは簡単ではありません。さらに、SEOの本質は「訪問者のニーズを知ること」「ニーズに合うキーワードを選ぶこと」「ニーズを満たすコンテンツや商材、サービスを提供すること」です。つまりユーザーが信頼して訪れてくれる質の高いサイトを長く続けることです。

Googleは、その1つの指標としてE-E-A-Tという概念を非常に重視しています。本書ではレッスン8をはじめ各章でその重要性ややるべきことを繰り返し解説します。また、2022年のChatGPTの登場とともにAIを使ったツールが多数出てきています。AIでSEOができる？ ブログも書いてもらえる？ いいえ、現状ではAIにSEO対策を任せることはできません。これについても以降のレッスンで紹介します。

> SEO は Search Engine Optimization（検索エンジン最適化）の略ですが、今は検索エンジンではなく、訪問者に対して最適化することが大事です。

Chapter 1

SEOの目的と考え方を身に付けよう

Lesson [SEOの仕組み]
02 SEOの仕組みやメリット、デメリットを理解しよう

Chapter 1　SEOの目的と考え方を身に付けよう

このレッスンのポイント

SEOはどういう仕組みでどのように効果が出るのでしょうか。期待する目標やサービス内容によって、SEOの向き不向きがあります。始める前にSEOのメリットとデメリットの両方をしっかり理解しましょう。

● SEOの仕組みを理解しましょう

Web担当者

SEO会社に電話して「我が社の健康食品サイトへの訪問者数を1カ月で2倍にして！」と依頼したらそんなに早く効果は出ないと言われた。困ったなぁ…そしてSEOは案外いろいろな費用がかかることもわかったぞ。

SEOの本質は訪問者のニーズを理解して、良いサイトを長く続けることとレッスン1で説明しましたが、SEOはどう進めて、どのくらいで効果が出るのでしょうか？

またどのくらい費用がかかるのでしょうか？　わからないことがたくさんあるようです。まずはSEOの仕組みについて見てみましょう 図表02-1 。

▶ SEOの仕組み 図表02-1

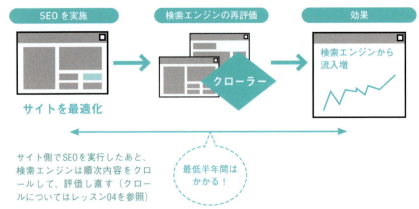

サイト側でSEOを実行したあと、検索エンジンは順次内容をクロールして、評価し直す（クロールについてはレッスン04を参照）

最低半年間はかかる！

◯ SEOの効果が出るまで最低半年は見ておこう

サイトの状態や施策によって効果の出る速度は全く異なります。記事など読み物コンテンツを新しく作れば今までなかったページができるので流入はすぐに増えますし、titleタグの修正（レッスン33参照）もすぐに効果が見られます。一方、画面の構成や内部リンクを修正すると効果が出るまで数カ月かかることもあります。施策開始から効果の検証まで最低半年、可能なら1年は見ておくとよいでしょう。

> Googleのコアアップデートのタイミングで効果が現れることが多いです。これはGoogleのアルゴリズムやシステムの更新で、通常年に2、3回あります。

◯ SEOのための制作や開発が発生する

SEOには、サイトを最適化する作業が発生します。これはWebサイトを変更したり新しいページを作ったり、場合によってはシステムを変更することです。サイトの制作や開発を外注している場合は、SEOの費用とは別にその費用もかかるのです。そのため、SEOはサイトを新規で作るタイミングや、リニューアルするタイミングでしっかり取り組むのが最も適しています。

◯ SEOのメリット、デメリットを確認しよう

最初に時間と費用がかかるSEOですが、1度最適化したらその効果は長く続きます。検索エンジンのガイドラインなどに違反しない限り、安定した長期的な効果が望めるのです。もしいち早く効果を出したい、サイトを変更できない場合には広告など他の集客手法を検討したほうがよいでしょう 図表02-2。

▶ SEOと広告の特徴比較 図表02-2

比較項目	SEO	広告
最初の費用	かかる ✕	かからない ◯
継続的な費用	かからない ◯	かかる ✕
短期的効果	ない ✕	ある ◯
効果の持続性	ある ◯	ない ✕
サイト改修の負担	大きい ✕	少ない ◯
潜在層へのアプローチ	できない ✕	できる ◯

Lesson **03** ［SEOの準備］

SEOでやるべき作業を理解しよう

Chapter 1 SEOの目的と考え方を身に付けよう

このレッスンの
ポイント

SEO対策の作業は実は非常に多岐にわたります。様々な知識が必要で、場合によってはチームワークも重要です。具体的に何からどうやればいいのでしょうか？ このレッスンではSEOの主な作業について説明します。

○ SEO対策はどう進める？大切なのはチームワーク

Web担当者

予算もないので、まずは自分でやってみることにした。「SEO」で検索してみたけどインターネットには様々な情報があふれていて、何からやればいいかさっぱりわからない。

SEOに取り組む際、いくつか方法があります。専門の会社に頼むこともできますし、制作会社でSEOを請け負うところもあります。ただそれらの外注には費用もかかります。そこで、この担当者は勉強して自分でやることにしたようです。さて何からどう進めればよいのでしょうか？

SEOの作業は実は非常に多岐にわたります。集客に責任を持つマーケティングや商品知識、Web制作や技術面の知識、ライティングのスキルや時には広報的な作業も必要なのです。1人ですべてやることも不可能ではないですが、チームを組んで進めていくと効果的です。

▶ SEOを成功させるチームワーク　図表03-1

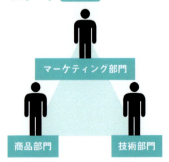

○ SEO対策でやるべき主な作業について知ろう

SEO会社にSEOを頼むと、「まず記事を書きましょう」と言われることが多々あるかもしれません。SEOはコンテンツ制作と勘違いされている風潮がありますが、それはあくまでも作業の1つです。

レッスン1で学んだSEOの本質、「訪問者のニーズに応える良いサイトを長く続けること」を思い出してください。そのためにやることはほかにもたくさんあります。そこで、図表03-2 に本書で解説する作業の全貌をまとめてみました。

どこから手をつけるべきでしょうか。筆者のおすすめは、キーワード調査からです。訪問者の目的やニーズ、キーワードを把握することで、サイト構造を考えたり、コンテンツを作ったりできるからです。

▶ SEOでやるべき作業 図表03-2

主な作業		本書での解説	対象サイトの種類
1	キーワード調査	2章	すべてのサイト
2	カテゴリの最適化	2章レッスン16-18	データベース型サイト
3	画面の最適化	4章	すべてのサイト
4	TD（タイトルなど）の最適化	4章レッスン33	すべてのサイト
5	コンテンツマーケティング	6章	記事があるサイト
6	技術の最適化	7章	中・大規模サイト
7	外部リンク／SNS対策	5章レッスン36～40	すべてのサイト
8	Googleマップの最適化	5章レッスン42	施設サイト
9	動画や画像対策	4章レッスン35	すべてのサイト
10	効果の分析	8章	すべてのサイト

上記の作業の1から6は内部施策、7は外部施策に当たります。また8はMEO（Map Engine Optimization）やローカル施策と呼ばれることもあります。

Lesson **04** ［クローラー、インデックス］
検索エンジンの仕組みを知ろう

Chapter 1　SEOの目的と考え方を身に付けよう

このレッスンのポイント

具体的な対策の話に入る前に検索エンジンやその仕組みについて理解を深めましょう。どの検索エンジンのシェアが多く、どのような傾向なのでしょうか。少し難しい話ですが、大事なことです。

● 検索エンジンシェアはGoogleが圧倒的に高い

日本で利用されている主要な検索エンジンはGoogle、Yahoo! JAPAN、Bingと3つあり、それぞれ別の会社が運営しています。Yahoo! JAPANは実はGoogleのデータを活用しているため、検索結果はGoogleと非常に似通ったものになっています。また、スマートフォンで検索した場合は、iPhoneとAndroidは両方ともGoogleの検索結果を表示するようになっています。ただし、2023年9月時点では、PC版とスマホ版サイトでのGoogleの検索結果は若干違います 図表04-2 。

▶ 検索エンジンのシェア　図表04-1

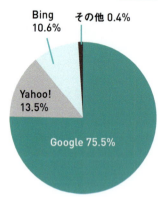

Bing 10.6%
その他 0.4%
Yahoo! 13.5%
Google 75.5%

出典：statcounter.com
2023年7月の日本のすべてのデバイスにおける検索エンジンシェア

2023年7月の日本におけるGoogleとYahoo! JAPANを合計したシェアは9割近く、今のSEO対策のメインは実質Google対策となります。ただし、PCに絞るとBingのシェアが上昇しつつあったり、Yahoo! JAPANがGoogleから他の検索エンジンへ利用データを変更する可能性もあり、いずれGoogle以外の対策も必要になるかもしれません。

▶ パソコンとスマートフォンでGoogleの検索結果は若干異なる 図表04-2

パソコンの検索結果画面

スマートフォンの検索結果画面

標準フォーマットの順位はほぼ同じ。それ以外の地図、画像、ニュースなどの視覚的要素の配置がかなり違う傾向

Chapter 1 SEOの目的と考え方を身に付けよう

● 検索エンジンは世界中のサイトをチェックしている

それでは、検索結果は一体どうやって表示されているのでしょうか？ 検索エンジン会社は、「クローラー」と呼ばれるシステムを持っていて、クローラーが世界中のサイトを自動的に、休みなくチェックしています。クローラーは新しいページを絶えず検出し、訪問して内容を確認します。これを「クロール」と呼びます。1ページだけのサイトから数千万ページもある巨大サイトまでくまなくクロールしますが、どのページをどの頻度でクロールするかはアルゴリズムで決定します。

▶ リンクをたどってページの情報を集める 図表04-3

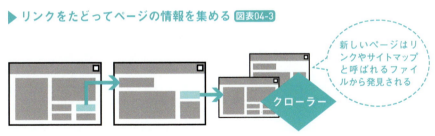

新しいページはリンクやサイトマップと呼ばれるファイルから発見される

クローラー

NEXT PAGE ➡ | **019**

検索結果は整理されたページの情報から瞬時に探し出される

クローラーが集めてきたページは、その内容を単語ごとにばらばらにして分析され、ページが「何について書かれているか」「どんなキーワードを含んでいるか」「どこからリンクされてどこにリンクしているか」などの評価で、データベース化されます。この処理を「インデックス」と呼びます。訪問者がキーワードを入力すると、検索エンジンは瞬時にそのキーワードに合ったサイトを探し出し、訪問者の目的に近いと思われる順に並べ替えて表示します 図表04-4 。つまり、検索結果に表示されるためには、まず自分のサイトが検索エンジンにインデックスされる必要があるのです。

▶ 集められたページの情報がインデックスされる 図表04-4

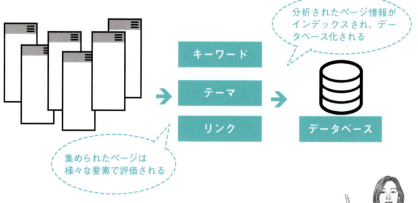

分析されたページ情報がインデックスされ、データベース化される

集められたページは様々な要素で評価される

すべてのページがインデックスされるわけではありません。質の低いページや似通ったページは登録されにくいです。

👍 **ワンポイント** **Google公式のドキュメントも確認しておこう**

Google検索の仕組みについてはGoogleの公式ページも参考になります。あわせて「検索エンジン最適化（SEO）スターター ガイド」も目を通しておくとよいでしょう。

▶ Google の検索エンジンの仕組み、検索結果と掲載順位について
https://developers.google.com/search/docs/fundamentals/how-search-works?hl=ja

▶ 検索エンジン最適化（SEO）スターター ガイド
https://developers.google.com/search/docs/fundamentals/seo-starter-guide?hl=ja

Lesson 05 ［自然検索結果（オーガニック検索結果）］
検索結果画面はサイトのトップページだと考えよう

このレッスンのポイント

検索結果画面はサイトのトップページと考えてください。そこからユーザーの体験は始まっているのです。ここでは、まず、近年どんどん変化している検索結果画面の最新事情について学びましょう。

○ 広告以外の場所を「自然検索結果」と呼ぶ

ここでは、Googleで「サッカー　ゴール」と検索した場合で解説します。訪問者の目的は「サッカーゴールを調べたい、購入したい」「格好いいゴールシーンを見たい」というところでしょうか。 図表05-1 の上部はショッピング広告という広告です。このほかにもGoogle広告というテキストのタイトルとコピー型の広告が出ることがあります。

そして、広告以外の部分が検索結果です。この部分のことを、「自然検索結果」（オーガニック検索結果）と呼んでいます。広告ではない、という意味で自然検索です。検索エンジンは、訪問者が入力したキーワードに対して、自然検索と広告を別々に処理して、自然検索結果には訪問者の目的に最も近い結果を順に表示します。

▶「サッカー　ゴール」で検索した場合のGoogleの検索結果画面 図表05-1

検索条件に応じた広告が表示され、「広告」または「スポンサー」と明記されている

自然検索結果が表示される。SEOはこの結果を対象とする

NEXT PAGE ➡　021

○ 実際にクリックされているのかどうかも重要

自然検索結果で1位を取っても、全員がクリックするわけではありません。例えば「サッカー　ゴール」の場合、目的がゴールシーンの動画なら、検索結果のタブにある「動画」をクリックするでしょう。目的が「サッカーゴールを手作りしたい」であれば、期待した検索結果がなく「サッカー　ゴール　手作り」などのキーワードで検索し直すかもしれません。
検索結果には、CTR（クリックスルー率）というものがあります 図表05-2 。検索結果に表示回数中、どれほどの確率でクリックされたかを表す数値です。2021年に実施されたある調査結果では、自然検索結果で1位に表示された場合、平均のCTRは13.94%、10位の場合は1%台でした。ただし、あくまで平均です。例えば「NHK」というキーワードでNHKのサイトを探しているのなら、1位のNHKのサイトをほぼ全員がクリックしますよね？

▶ CTR（クリックスルー率）の計算式 図表05-2

> CTR ＝ クリック数 ÷ 検索結果に表示された回数

○ 検索結果画面をサイトのトップページとして意識する

自然検索結果に表示されている内容をよくチェックしてみましょう。訪問者は、検索でヒットしたサイトが自分の目的に合っているかどうか、検索結果画面を読んで選んでいきます。あなたのサイトが「何位に表示されているか」も重要ですが、「ちゃんとクリックされているかどうか」も重要なのです。訪問者の目的に合った魅力的な説明文が表示されていれば、CTRはぐっとアップします 図表05-3 。検索結果画面はあなたのサイトのトップページなのです。

▶ 検索結果で訪問者の目的に応えてCTRを上げる 図表05-3

GoogleはSGEという生成AIを検索結果に表示することを発表しました。日本での試験運用も始まっています。詳しくはレッスン9を見てください。

Lesson 06 ［検索結果の構成要素］
検索結果の構成要素を知ろう

このレッスンのポイント

ユーザーのニーズに応えるために、随時変化しているGoogleの検索結果画面について理解を深めていきましょう。最近はスマートフォンの普及とともに視覚的な要素が増えています。しっかり対策することが求められます。

○ ユーザーのニーズに応える様々な検索結果

ここ数年でGoogleの検索結果には様々な表示要素が増えています。Googleは検索を行ったユーザーがなるべく簡単に早く「答え」にたどり着けることを目指しています。そのため、検索クエリ（入力する言葉）によっては検索結果をクリックしなくてもある程度情報を取得できたり、アクションを起こせるような検索結果を表示しているのです（ゼロクリックと呼ばれます）。よく見かける様々な検索結果の表示例を見てみましょう。

○ ニュースや画像・動画を表示するユニバーサル検索

時事的な検索キーワードに対しては、次ページ 図表06-1 の❶のようなニュース検索が表示されます。人名やキャラクター名などでは画像検索結果やYouTubeの動画検索結果が出ることもあります。Webページだけでなく様々な結果をブレンドして表示させることをユニバーサル検索と呼んでいます。特に、画像や動画などの視覚的な要素がここ数年増えています。

○ リンクが追加で表示されるサイトリンク

検索結果の下に表示される、図表06-1 の❷のようなリンクはサイトリンクと呼ばれます。これらは、ユーザーのためになるとGoogleが判断した場合のみ、自動的に選ばれて表示されます。確かではないですが、クリック率の高いリンクが自動的に選ばれる印象です。このサイトリンクをサイト運営者が選ぶことはできません。

NEXT PAGE →   023

○ 物や人、概念について解説するナレッジグラフ

Googleは物や人などを「エンティティ（英語で実在物の意）」という概念で理解しています。ナレッジグラフはエンティティに関する基本的な情報が出る枠です。図表06-1 の❸のように、メインエリアの上部に出るカード形式の見せ方もあります。有名人、場所、映画などの作品、動物や生物など、かなりの種類の検索キーワードで表示されます。この表示もGoogleが決めているのでサイト運営者が選ぶことはできません。

▶ 検索結果の表示例 図表06-1

❸ ナレッジグラフ

❷ サイトリンク

❶ ユニバーサル検索

前ページで説明したゼロクリックは年々増えており、ユーザーには便利な反面、サイト運営者にとってはクリックされない＝流入が取れないという悩みの種にもなってきています。

● 様々な付加情報を表示するリッチリザルト

自分のページのレビューや商品情報などを特定のタグでマークアップすることでレビューの評価点や、価格などを検索結果に出すことができます 図表06-2 。以前はリッチスニペットと呼ばれていました。このような目立つ表示が出るとユーザーのクリックを促すことができるので、レビューやイベントやレシピ、動画などを持つサイトは対策したほうがよいでしょう。これはサイト運営者が実装すれば表示することができるので、詳しくはレッスン34を参照し、開発担当者と相談してみてください。

● 質問の答えが表示される強調スニペット

主に質問系のキーワードで検索すると検索結果上部に回答が表示されます 図表06-3 。これは強調スニペットと呼ばれます。サイト運営者が設定することはできず、Googleが自動で判断して表示しています。

● 店舗運営者は意識したいローカルパック

ローカルパックは、場所に関する検索の場合に地図と具体的な店舗が表示される枠のことです 図表06-4 。特にスマートフォンでは大きな影響力を持ちます。ローカルパックに対応するにはまずはGoogleビジネスプロフィール（旧: Googleマイビジネス）への登録が必要です。詳しくはレッスン42を参照してください。

▶ リッチリザルト 図表06-2

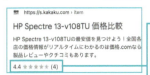

星や評価点、価格などを検索結果に表示できる

▶ 強調スニペット 図表06-3

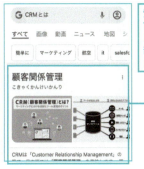

質問に関連する言葉で検索すると、検索結果上部に回答が表示される

▶ ローカルパック 図表06-4

エリア名を入れなくても現在地近辺の店舗情報が表示される

Lesson 07 ［MFIとスマートフォンのマイクロモーメント］
スマートフォン時代のSEOを考えよう

このレッスンのポイント

スマートフォンの普及とともにユーザーの検索行動や検索ニーズも変化し、検索エンジンの評価もパソコンからスマートフォンへと移りました。SEOの本質は変わりませんが、担当者にとって注意すべきポイントを考えてみましょう。

○「隙間時間」にいつでも検索できるようになった

本書読者の皆さんも毎日の生活にスマートフォンは欠かせなくなっていると思います。実際、国内のスマートフォンの個人保有率は74.3%と多くの人が利用する状況になっています（総務省「令和4年版情報通信白書」）。以前のようにパソコンに向かわなくても、検索したいときにいつでも検索ができるようになったことは、SEOにとって重要な変化です。

Googleは、人が何かを「知りたい」「買いたい」「やりたい」、どこかに「行きたい」と思ってすぐにスマホで検索をする瞬間を「4つのマイクロモーメント」と呼んでいます。たしかに私たちは会社で、自宅で、通勤時や旅先で、ちょっとした隙間時間に検索していますよね。この4つのモーメントは2015年にGoogleで提唱され、すでに8年経ってはいますが、スマートフォン時代の検索を理解することに非常に役立ちますのでぜひ知っておいてください。

▶ 4つのマイクロモーメント　図表07-1

I-want-to-knowであれば「何かを知りたい」という瞬間のこと。
goはどこかへ行きたいと思う瞬間、doは何かをやりたいと思う瞬間、buyは何かを買いたいと思う瞬間。各モーメントが起こった際にスマートフォンですぐに検索が発生するという考え方

出典：https://www.thinkwithgoogle.com/_qs/documents/646/4-new-moments-every-marketer-should-know.pdf

SEOはPC版サイトからスマホ版サイト対象になった

SEOはひと昔前までPC版サイトが対象でした。しかし、皆さんがスマートフォンを当たり前に使うようになり検索行動が変化したことを受け、Googleも評価する主要デバイスをパソコンからスマートフォンに変更しました。

最初の動きは2015年4月「モバイルフレンドリーアップデート」の実装でした。これはスマートフォンにフレンドリー（使いやすい、読みやすい）ではない、使いにくいサイト、スマートフォン向けページ自体がないサイトはGoogle検索において順位を落とす結果になりました。2016年5月には第2弾のアップデートもありました。

そして、2016年後半に「モバイルファーストインデックス（MFI）」がアナウンスされます。これによって、Googleの検索エンジンは、情報を収集する対象をPC版サイトからスマホ版サイトに変更します。ランキングの対象もスマホ版ページになりました。2023年5月に、ほぼすべてのサイトがMFIに移行したとGoogleはアナウンスしました。

MFIになってもSEOの本質は変わらない

MFIの到来によってSEOはどうなるのでしょうか？今までのSEO施策は無駄になり、サイトを作り直さなくてはいけないのでしょうか。そんなことはありません。まず、スマホ版にページを対応させていなければ引き続きPC版のページが評価対象になるので、ないからといって検索結果に出なくなるわけではありません。

MFIは基本、収集方法の変更であって、順位には影響がないと言われて移行が始まり、Googleも準備が整ったサイトから移行を進めてきました。実際、筆者が見ているサイトの大半は順位変動なく移行しました。恐らく多くのサイトでいつの間にかMFIに移行していたのではないでしょうか。ただ、Web担当者の中には、いまだにPC版がSEOの対象だと思っている人も多いのが現状です。いまやGoogleの評価はスマホ版ページです。「ユーザー本位」というSEOの本質を踏まえて、今後はスマホ版サイトを最適化していくことが重要です。

GoogleはMFIによってスマホサイトを評価の対象にしていますが、Bingは2023年現在PC版サイトとスマホ版サイトの両方を評価しているようです（明示はされていません、弊社調べ）。B2BなどBingが重要なサイトはPC版サイトもしっかり見ていきましょう。

Lesson 08 [Googleの提唱するサイトの信頼性]
E-E-A-Tの概念とやるべきことについて理解しよう

このレッスンのポイント

GoogleがWebサイトとコンテンツを評価する際に最近とても重視しているのが「E-E-A-T」という概念です。E-E-A-Tとはどういうものか、何をやるべきかこのレッスンでまとめて解説します。

○ GoogleのE-E-A-Tについて理解しよう

E-E-A-Tは 図表08-1 の4つの言葉の頭文字を取った言葉です。もともとはE-A-Tでしたが2022年にE（Experience）がもう1つ追加されE-E-A-Tになりました。Googleが2023年現在非常に重視する概念です。

経験、専門性、権威性はサイトとそのコンテンツの信頼性に貢献する要素なので重なり合っており、1番上に信頼が位置します。信頼が最も重要な要素なのです。

E-E-A-Tは医療、法律、金融、健康、安全、金銭などセンシティブなジャンル（YMYL = Your Money or Your Life）のWebサイトにおいて、ひと際影響が大きいとこれまでは言われてきましたが、最近はすべての業種のサイトに影響が出るようになっていますので、意識していきましょう。

▶ E-E-A-Tとは 図表08-1

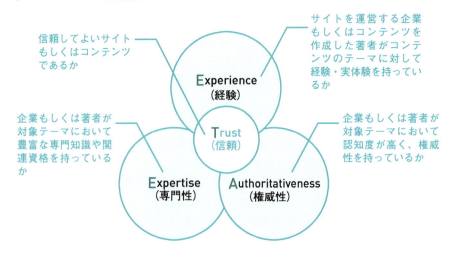

028

E-E-A-Tを担保する施策について理解を深めよう

概念を理解したら、次はE-E-A-Tを担保するためにどういうことをやったらよいか見ていきます。E-E-A-Tでやるべきことは多岐にわたります。サイト全体でやるべきこと、記事などのコンテンツで注意すること、いろいろありますので理解しましょう 図表08-2 。コンテンツでできる施策例については6章で詳しく解説しています。

▶ サイト単位で意識したいE-E-A-Tのポイント 図表08-2

- サイトをHTTPS化して、セキュリティに注意する
- ユーザーを騙すようなコンテンツを掲載しない
- 会社情報を掲載し、内容を充実させる
- お問い合わせ先へのわかりやすい導線を設置する
- ECサイトはお支払い方法、送料、返品などについての情報を充実させる
- レビューや体験談を掲載する
- UGC（ユーザーが生成したコンテンツ）がある場合、それらをしっかりモニタリングし、管理する
- 専門領域以外のコンテンツを増やしすぎない（病院のサイトが趣味の食べ歩きのコンテンツを設けるなど）
- 外部リンクやWeb上のサイテーションを増やす（レッスン39参照）

E-E-A-T はとても難しい概念で、何をやったらいいかピンとこないかもしれません。本書の巻末にはE-E-A-Tのチェックリストもついています。ご自身のサイトで関係する項目を満たしているかぜひチェックしてみてください。

ワンポイント　E-E-A-TはSEOを超える活動が必要

E-E-A-Tはすぐにできる Web上の施策もありますが、場合によってはSEOを超える領域もあります。例えば「専門性」や「権威性」は実際にその業界で論文を書く、セミナーで登壇する、権威ある賞を受賞するなどリアルでの行動が必要となります。特に「権威性」はWeb全体にある情報から認識されますので、まずはリアルで行動し、それがメディア等に取り上げられることも重要なのです。筆者も本書のような書籍を書いたり、セミナーに登壇してそのレポートをコラムに書いてWeb上に残し、SEOという業界での専門性や権威性を少しでも獲得できるようにしています。

Lesson 09 ［AIチャットボットとSEO］
AIとSEOの関係について理解を深めよう

このレッスンのポイント

ChatGPTをはじめとしたAIチャットボットが話題です。検索エンジンもAIを積極的に取り入れてきている現在、ユーザーの検索やSEOに影響はあるでしょうか。不確定な部分も多いのですが、今の状況を解説します。

○ AIチャットボットの登場

2022年11月に米OpenAIがChatGPTというAIを使ったチャットボットを公開しました。あまりの精度の高さに日本でも話題になっているので、ご存知の方も多いと思います。2023年2月には、Microsoftは自身が運営する検索エンジンBingにChatGPTの最新版を搭載、Bingチャット（現在のMicrosoft Copilot）として公開し、SEOの世界でも話題になりました。なぜなら検索エンジンがAIによるチャットシステムを導入したからです。今後ユーザーがWeb検索しなくなるのではないか、SEOが必要なくなるのではないかという声もありました。続いてGoogleもBard（現在のGemini）という独自開発のAIチャットボットを発表しました。3つのAIチャットボットの現時点での概要は以下です 図表09-1 。ChatGPT、Gemini、Copilotのいずれも「無償で使えるが有償版あり（有償版は最新モデルが使える、トークン制限が大幅緩和、高速など）」の状態です。

▶ 主要なAIチャットボットサービス 図表09-1

製品名	ChatGPT	Microsoft Copilot	Gemini
URL	https://chatgpt.com/	https://copilot.microsoft.com/	https://gemini.google.com/
利用方法	ブラウザ／アプリ	ブラウザ／アプリ	ブラウザ／アプリ
回答時の参照元	無	有	無

業務でAIチャットボットを使うときは、商用データ保護を備えたCopilotなど入力したデータが保護されて学習に使われることのない企業向けプランを契約して利用すると安心です。

● AIチャットボットによるSEOへの影響

企業のWeb担当者が気になるのは、今後SEOがどうなるのかだと思います。何でもAIチャットボットに聞く人が増え、SEOは無駄になるのでしょうか？

筆者は人々の検索がなくなることはない、つまりSEO対策もなくなることはないと思います。実際、ChatGPTは話題になっていますが、皆さんGoogleでの検索もやめてはいないですよね？　AIをいち早く搭載したBingのシェアが大きく伸びているという話も聞きません。現在でもAIに聞くほうが便利なこともありますし、今後は、人々のあらゆる課題や情報検索に回答してくれるようになるかもしれません。その際は、SEOにも新たな最適化手法が出る可能性があり、これからの数年間、検索エンジンの動向に要注意です。

● GoogleのAI技術「AI Overview」とは？

Googleは2023年5月、Geminiに加えAI Overviewという新たなAI技術を発表しています。これは生成AIを検索結果に取り入れるというものです。2024年8月に日本でも提供が開始されました 図表09-2 。

検索結果がガラッと変わるケースもありそうです。

Googleで検索すると2025年6月現在、特に情報検索の検索結果でAI Overviewを目にするようになってきています。

▶ Search Labs
https://labs.google.com/search/experiment/1

▶ AI Overviewの検索結果 図表09-2

検索結果にAIによるまとめが表示される

🎤 質疑応答

Q AIチャットボットサービスは何がおすすめですか？

A AIチャットボットとは、人工知能を利用した、テキストや音声を通じて人間のように会話できるプログラムです。何か質問すれば、最善と思われる答えを自動で生成して返してくれるのです。
レッスン9にChatGPT、Microsoft Copilot、Geminiの比較表を載せましたが、それぞれ想定されている役割やできることはかなり違います。
筆者個人のおすすめではありますが、情報の収集や調べ物にはMicrosoft Copilotが便利です。データも最新ですし、返ってくる内容も参考になるものが多いです。例えば英語で書かれた資料のPDFのリンクを貼り付けて、「このPDFの中からSEOに関する記述を見つけて日本語で要約して」というと、妥当な内容で、該当する箇所の情報が返ってきます。2025年6月現在、Windows11に標準搭載されています。オフィス業務では、さらに身近な存在になりそうです。
一方で、6章で紹介するコンテンツマーケティングの作業にはChatGPTの、特に最新モデルの「GPT-4o」が使えます。無料プランでも一部の機能が使えますが、本格的に業務で使うのであれば有料の「ChatGPT Plus」プランの利用がおすすめです。
さらに、GoogleのGeminiでは、「Gemini Live」機能を使って、カメラを向けたものについて詳しく質問することができます。
それぞれ用途に応じて各ツールを使い分けるとよいでしょう。

Chapter 2

検索意図を探って有効なキーワードを見つけよう

この章では、訪問者と検索キーワードの密接な関係性を読み解いていきます。キーワードを選び対策する実践法や、SEO的に重要なカテゴリのポイントを学びましょう。

Lesson 10 ［検索意図］
訪問者の検索ニーズとその背景に注目しよう

このレッスンのポイント

訪問者が検索するキーワードはSEOの肝となる部分です。最近はキーワードの「検索ボリューム」だけではなく、訪問者のニーズを知る手がかりとなる「検索意図」に注目することがポイントです。

訪問者の目的とキーワードを理解しよう

図表10-1 は訪問者がサイトに訪れる流れです。何らかの目的があって検索窓に検索キーワードを入力し、結果を見てサイトに訪問します。その訪問者の目的は何か、キーワードに込められた意図は何かを考えるところからSEOは始まります。

訪問者は、必ずしもあなたの決めた愛称や言葉で検索しません。キーワードとは、検索エンジンで実際に使われる言葉のことです。想像でなく、調べる必要があります。例えば「新鮮プリン」。おいしそうですが、キーワードになりそうでしょうか？ Googleで「プリン　し」と入力してみましょう。候補に「プリン　新鮮」はありますか？ 逆に「新鮮　プ」はどうですか？ 候補にないということは、このキーワードは訪問者のキーワードではなく、SEOには使えないのです。

▶ サイトに訪問するまでの訪問者の動き 図表10-1

 → → → サイトに訪問

訪問者の目的 → キーワードを入力 → 検索結果を見る → サイトに訪問

▶ 「プリン し」と入力したGoogle画面 図表10-2

オートコンプリート候補：入力中の文字列からGoogleが提示するキーワードの入力候補

検索されない言葉でSEOをやっても集客はできないのです。

● 検索数だけでなく、検索意図を捉えることが重要

訪問者のキーワードであることは大切ですが、検索ボリュームの人気度だけに注目してもいけません。「検索意図」、つまりワードの背景を探っていくことが最近のSEOではとても重要なのです。

訪問者の検索意図は「派生語」から探ることができます。例えば「花粉症」ならば、「花粉症　メガネ」のようなキーワードをSEOでは派生語と呼びます。

図表10-3 は、よく検索されているキーワードから訪問者の検索意図を推測したものです。「花粉症」は検索ボリュームがありますが、派生語によってニーズの違いがあることが推測できますね。

一方、実際のGoogle検索結果がどうなっているかまとめたのが 図表10-4 です。「花粉症」では総合情報がヒットし、「花粉症　メガネ」という購入目的がありそうなワードだと、ECや製品サイトがヒットしています。つまりGoogleの検索結果はかなりユーザーの検索ニーズを反映したものになっています。このため、花粉症グッズの販売サイトが「花粉症」の検索結果で上位を獲得するのは難しいのです。

▶「花粉症」の派生語と検索ニーズの推測 図表10-3

キーワード	検索ボリューム	訪問者のニーズ（推測）	期待されている検索結果（推測）
花粉症	201,000	ニーズは曖昧。いろいろな意図が考えられる	花粉症に関する情報記事、権威的なサイトなど
花粉症　薬	90,500	花粉症の薬についての情報や購入検索	薬について解説するサイト、病院サイト、販売サイトなど
花粉症　症状	74,000	花粉症の症状についての情報検索	症状について解説するサイトなど
花粉症　時期	14,940	花粉症の時期について情報検索	時期について解説するサイト、天気予報サイトなど
花粉症　メガネ	14,800	花粉症用のメガネの購入検索	花粉症用のメガネを販売しているサイトなど

※キーワードプランナー（レッスン12参照）で調べた1カ月あたりの平均検索数を「検索ボリューム」としている。以下、他の検索ボリュームも同じ

▶ 実際の検索結果（Googleの上位10サイトの内訳） 図表10-4

	記事／ブログ	EC／製品	病院／施設	オーソリティ※	ニュース	画像
花粉症	6			2	1	1
花粉症　薬	2	5	2			1
花粉症　症状	8			2		
花粉症　時期	7				2	1
花粉症　メガネ	3	7				

※官公庁、Wikipediaなど

検索ニーズを分類してみよう

レッスン7で「4つのマイクロモーメント」を紹介しましたが、これを参考にスマートフォン時代のユーザーの検索ニーズをわかりやすく分類したのが 図表10-5 です。分類にはいろいろな考え方がありますが、筆者が長年施策を行う上で最もわかりやすい、初心者の方でも理解しやすいと思うものです。
この分類にキーワード例やコンテンツ例、モーメントを入れると 図表10-6 になります。今の検索エンジンでは、ニーズごとに対策方法や評価されやすいコンテンツがある程度パターン化されています。図に当てはめながら、対策したいキーワードがどのニーズになるのか考えてみたり、Googleで実際に検索してみてどんなコンテンツが表示されるかを見てニーズを探るために使ってください。

▶ 検索ニーズの分類 図表10-5

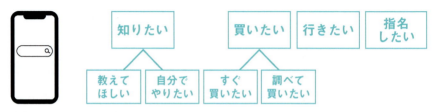

▶ 検索ニーズの分類に対応するキーワード例や対策 図表10-6

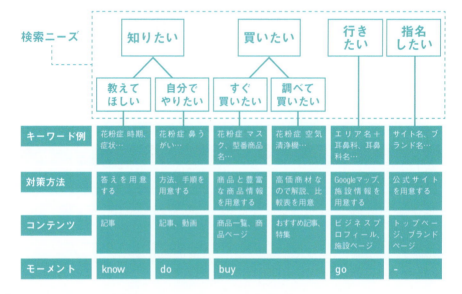

Lesson 11 ［キーワードの濃さ］
キーワードの検索ボリュームと「濃さ」の関係を知ろう

このレッスンのポイント

キーワードには「濃さ」というものがあります。検索ボリュームは少なめのキーワードでも「濃い」キーワードは数も多くロングテールの獲得ができます。とても重要な考え方ですので、このレッスンでよく理解しましょう。

○ 検索数は少なくても「濃い」キーワードがある

図表11-1 を見てください。キーワードは大きさによって集められる光の量が変わるレンズのようなものです。大きいレンズはより多くのユーザーを集め（＝ビッグワード）、小さいレンズは少ないユーザーを集めます（＝ミディアムワード、スモールワード）。大きいキーワードほど訪問者の目的は多様ですが、小さいキーワードほど目的がはっきりした「濃い」訪問者を獲得できる可能性があります。どんなキーワードで検索されたかで、目的の達成率が変わるのです。

▶ キーワードの検索ボリュームと集まるユーザーの目的　図表11-1

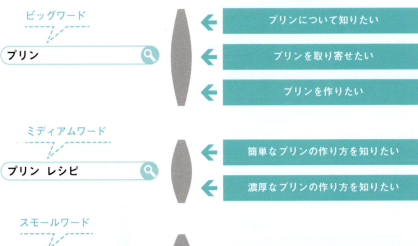

037

◯ 検索数が少なめのキーワードを「スモールワード」と呼ぶ

例えば「濃厚かぼちゃプリンレシピ」というキーワードを検索した場合、検索エンジンは「濃厚」「かぼちゃ」「プリン」「レシピ」の4語と認識します。「プリン」のような1語のキーワードは多くの訪問者が検索するので検索数が多く、4語のキーワードは検索数が少なくなりがちです。語数が多く、検索ボリュームの小さいキーワードを一般的に「スモールワード」と呼んでいます。

▶ キーワードの種類 図表11-2

種類	キーワード例
ビッグワード	プリン
ミディアムワード	プリン レシピ、かぼちゃプリン、焼きプリン、さつまいもプリン、カスタードプリン、プリン大福、プリンアラモード
スモールワード	簡単プリンの作り方、カスタードプリン レシピ 人気、濃厚かぼちゃプリン レシピ、プリン レシピ 電子レンジ

◯ スモールワードでロングテールの獲得を目指す

ミディアムワードからスモールワードにかけての検索数が少ないしっぽ（テール）部分をロングテールと呼んでいます。人気度が低いならロングテール部分は対策したくないよ、という声が聞こえてきそうですが、ちょっと待ってください。レッスン10の「花粉症」で説明したように、今のGoogleではユーザーの検索ニーズに合致したキーワードでないと上位には来ません。ビッグワードだけを狙っても難しいのです。また、ロングテールは横幅が広い分だけ、数が多いのです。「プリン」だけを対策するよりも、様々な種類のプリンのページや作り方のページを作ってたくさんの語数を対策するほうが結果的にたくさんの「濃い」訪問者を集めることができます。

▶ ロングテールのグラフ 図表11-3

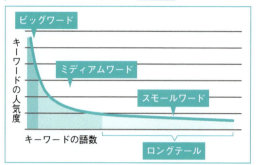

ビッグワードでは広告や画像・動画など様々な要素が出るため流入が取りづらくなっています。ロングテール部分を幅広く対策しましょう。

Lesson 12 ［キーワードツール］
想像に頼らず キーワードツールを使おう

このレッスンの ポイント

ここまでキーワードの検索数や検索意図について学習してきましたが、検索されている回数を表す検索ボリュームは各種のツールで調べることができます。このレッスンでは無料で手軽に使えるツールを紹介します。

○ Google広告から利用できるキーワードプランナー

キーワードの検索ボリュームを調べるツールを「キーワードツール」と呼んでいます。いろいろなツールが存在しますが、SEOに活用できる主なツールはGoogleの「キーワードプランナー」です。Google広告（旧AdWords）のアカウントを作成することで無料で利用できます。また、

Google広告を出稿しているアカウントでは、より正確な数値を把握できるようになっています。注意点が多く、他のツールも補完しながら使っていかなくてはいけませんが、本書では以下、キーワードプランナーをもとに解説していきます。

▶ キーワードプランナー 図表12-1

https://ads.google.com/intl/ja_jp/home/tools/keyword-planner/

上記のURLにアクセスし、［キーワードプランナーを使ってみる］をクリックし、続いてGoogleアカウントでログインする

Google 広告の画面からは、右上の［ツールと設定］をクリックし、［プランニング］→［キーワードプランナー］を選択する

Chapter 2 検索意図を探って有効なキーワードを見つけよう

NEXT PAGE ➡ 039

◯ キーワードプランナーでキーワードの検索数を調査する

キーワードプランナーでは、キーワードの検索ボリューム（検索されている回数）が調べられます。以下のような手順で調査を行います。

▶ キーワードプランナーでキーワードを調査する 図表12-2

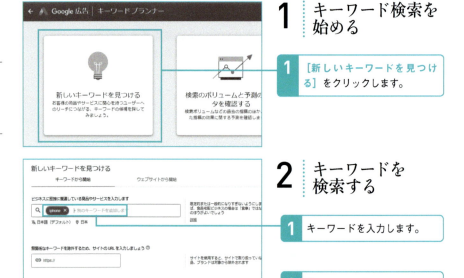

1 キーワード検索を始める

1 ［新しいキーワードを見つける］をクリックします。

2 キーワードを検索する

1 キーワードを入力します。

2 ［結果を表示］をクリックします。

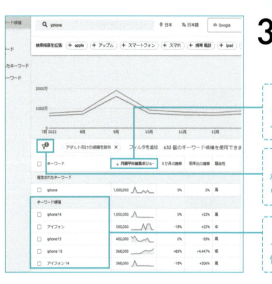

3 詳しい検索ボリュームが表示された

［月間平均検索ボリューム］をクリックすると検索数の降順で並べ替えができます。

［フィルタ］をクリックすると、検索結果から除外したいキーワードを指定できます。

［キーワード候補］に入力したキーワードに関連する派生語や類似語などが表示されます。

> 👍 **ワンポイント　広告を使用しないと正確な検索数が反映されない**
>
> キーワードプランナーはGoogle広告を出稿しなくても使用できますが、広告を使用していないアカウントでは月間平均検索ボリュームが「10万～100万」のようにおおまかな範囲で表示されます。少額でもよいので広告を出稿すると、正確な数値を把握できます。

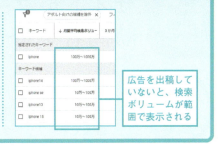

広告を出稿していないと、検索ボリュームが範囲で表示される

◯ サジェストツールで情報を補おう

キーワードプランナーは便利ですが、注意が必要です。「キーワード候補」には調べた言葉に関連するワードや前後に検索されたワードなどが出てくるため、派生語が出ることもあれば、関係のない類似語が出る場合もあります。

例えば「iphone」の派生語で、本当は検索されている「iphone ケース」が出てきません。個別に「iphone ケース」を調べると検索ボリュームが多いとわかります。言葉によっては派生語の完全な把握が難しく、そこから検索意図を読み取ることができません。そこで、以下のサジェストツールの併用をおすすめします。

▶ ラッコキーワード
https://related-keywords.com/

Google、Bingに加えAmazonや楽天のキーワードも調査できます。無料版は制約が多く、検索ボリュームの回数制限のほか、調べた言葉にプラスする派生語しか出ません。例えば「旅行 持ち物」では「旅行 持ち物 沖縄」は出ても「沖縄 旅行 持ち物」は出てきません。本格的に使うなら有料版がおすすめです。

▶ Keyword Tool
https://keywordtool.io/google

筆者が使っているツールです。有料ですが、サジェストワードとプランナーツールのキーワード候補が、検索ボリュームとともに調査できる機能があり、非常に便利です。AmazonやYouTubeのキーワード、SNSのハッシュタグも調査可能です。

> サジェストツールとはGoogleの検索窓に言葉を入れたときに候補が出る、オートコンプリート候補のワードが調べられるツールです。検索意図を探る手がかりになります。

041

Lesson 13 ［サイトのターゲット］
サイトがターゲットとする訪問者を書き出そう

このレッスンのポイント

ここからキーワードの選定手順に入ります。お客さんを新規獲得するため、サイトにどんな訪問者が来てほしいかを考えてキーワードを選定します。ターゲットとなる訪問者を分析する際は、訪問者の目的や性別にも注目しましょう。

◯ ターゲットとする訪問者はどんな人？

例えば、「レインブーツ」は女性のキーワード、「長靴」は男性のキーワード、と性別によっても使う言葉が異なることがあります。また、女性ならよく知っている「レギンス」は、昔からある「スパッツ」と形状はほぼ同じ商品ですが、「レギンス」はおしゃれ目的、「スパッツ」はスポーツ目的とニーズが異なります。サイトで扱っている商材やサービスにどんな訪問者がマッチするのか、サイトの向こうにどんなターゲットがいるのか想定することで選ぶべきキーワードは異なります。

▶ 結婚関連のキーワードから見るターゲットの違い　図表13-1

キーワード	検索数	派生語の傾向	検索の目的
結婚	246,000	相談所、タレント名、祝い、指輪、記念日など	タレントの結婚報道や結婚相談所、結婚関連のアイテムやイベントなど
結婚式	246,000	マナー、招待状、スピーチ、余興、服装	結婚式に参加する人が検索するハウツー系
結婚式場	60,500	東京などエリア名	結婚式を挙げる人が式場を探すニーズ
ブライダル	22,200	インナー、エステ、ネイル、ブーケ、フェア	主に花嫁さんが関連情報を探すニーズ
挙式	8,100	海外、ハワイなど	海外挙式の情報検索

ターゲットが「結婚式を挙げたい人」か「結婚式に参加する人」かで、選ぶべきキーワードも変わってきます。

◯ ターゲットとする訪問者と検索ニーズを書き出してみよう

ここからは、グルメサイトを例に進めます 図表13-2 。実際にターゲットとする訪問者を分析していきましょう。分析は、訪問者の目的や検索行動を想定して表に書き出しながら行います。まずターゲットの性別や年齢を書き出し、そこから想定する訪問者がどのような検索ニーズを持っていて、どんなキーワードで検索するかをイメージしていきます。例えば、「行きたいエリアが決まっている場合は、駅名や市区町村名で検索するはず」といったように、皆さんのサイトでの「訪問者の検索ニーズ」と「キーワードの種類」をセットで書き出してみてください。

▶ ターゲットユーザーの想定表（グルメサイトの場合） 図表13-2

ターゲットの性別や年齢層を書き出す

ターゲットの属性	
性別	男女
年齢層	20～50代まで幅広い

ターゲットがどのような目的で、どんなキーワードで検索するかを書き出す

訪問者のニーズ		キーワードの種類
ニーズ①	グルメ全般に興味があり漠然と検索	ビッグワード
ニーズ②	行きたいエリアが決まっていて良いレストランがないか検索。都道府県、市区町村、路線や駅など	エリアワード
ニーズ③	食べたい料理が決まっていて、良いレストランがないか検索。料理はレストランだけでなくレシピニーズも強いと思われるので注意	料理ワード
ニーズ④	こだわりの条件や目的、シーンなどが決まっていてそこからマッチするレストランがないか検索	目的や条件ワード
ニーズ⑤	有名スポットやデパートなど特定の施設名近辺のレストランを検索	有名スポットや施設ワード
ニーズ⑥	行きたいお店がすでに決まっている店舗名指名ワード	店舗名ワード

限られた商材を扱う場合にはなるべく細かく書き出したほうがよいですが、扱っている商材やサービスが多いサイトの場合は、ざっくりした内容で構いません。訪問者の集客につながる重要なタスクです。

043

Lesson **[キーワードの選定]**

14 キーワードをリストアップして検索数を調査しよう

このレッスンのポイント

> 次はいよいよターゲットとする訪問者が検索すると考えられる「キーワード」をリストアップしていきます。洗い出したキーワードをツールにかけて「本当に検索されているのか」をしっかり調査していきましょう。

Chapter 2 検索意図を探って有効なキーワードを見つけよう

○ 検索行動ごとにキーワードをリストアップする

レッスン13でターゲットとする訪問者の検索ニーズとキーワードの種類を書き出しましたが、その表をもとに考えられる限りの言葉をリストアップします。後でキーワードの検索数は確認するので、まずは検索されているかどうかは気にせず、いろいろな言葉を洗い出してください。図表14-1は、引き続きグルメサイトの場合の洗い出し例です。市区町村や駅など数百ある場合は全部書き出して調べる必要はありません。サンプルとして30〜50個程度を調べればよいでしょう。

なお、キーワードは必ずしも「グルメ」や「レストラン」を含む必要はありません。例えば「渋谷 合コン」にはグルメやレストランは含まれませんが、派生語を見ると「渋谷 合コン 個室」「渋谷 合コン 居酒屋」など飲食店ニーズが強く、実際「渋谷 合コン」の検索結果上位はグルメサイトが占めています。キーワードからではなく、ユーザーのニーズから考えるようにすると漏れなくリストアップできます。

▶ キーワードの洗い出し表（グルメサイトの例）図表14-1

種類ごとにキーワードをまとめる

キーワードの種類	キーワードの例
ビッグワード	グルメ、レストラン、飲食店
エリアワード	北海道 グルメ、新潟 グルメ、静岡 グルメ…… 東京駅 グルメ、京都駅 グルメ、博多駅 グルメ……
料理ワード	和食、洋食、天ぷら、イタリアン、ジンギスカン……
目的や条件ワード	歓迎会、合コン、ランチ、女子会、デート、夜景のきれいな店……
有名スポットや施設ワード	草津温泉、ヒカリエ、東京タワー、上野動物園、横浜中華街、河口湖……
店舗名ワード	俺のイタリアン、ミート矢澤、たいめいけん、つるとんたん……

● キーワードをツールにかけて調査する

キーワードのリストアップができたら、必ずレッスン12で解説したキーワードツールにかけて検索数をチェックします。ここではキーワードプランナーを使って調査していきます 図表14-2 。例えば、グルメの場合、「東横線　グルメ」など路線沿線でグルメを探す検索がありそうですが、実は人気度が110程度とあまり検索はされていません。

料理でも「イタリアン」(823,000)と「イタリア料理」(74,000)を比較すると「イタリアン」のほうが人気です。

▶ リストアップしたキーワードをキーワードプランナーで調査する 図表14-2

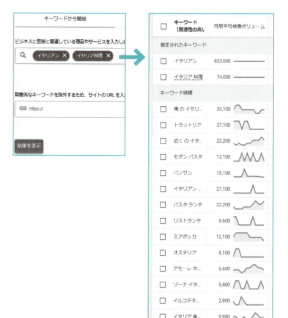

1カ月間の平均検索ボリュームが確認できます。2語など複数の言葉をまとめて調査することもできます。

👍 ワンポイント　キーワードツールの検索数は実数？

各種ツールで調査できる検索ボリュームは実数でしょうか？　実は違います。例えば「イタリアン」がGoogleのキーワードプランナーで82万回検索されているからGoogleで1位になれば82万人が訪問してくれるのか？　というとそういうわけではないのです。実数ではないですし、表示される順位や検索結果画面の構成によりCTR（レッスン5参照）も変わってくるので実際の訪問数はこの検索ボリュームとは結構違うのです。

○ Excelでキーワードリストを作成する

まずはキーワードプランナーのキーワード候補のデータをCSV形式で出力します。次に別のツールを使ってサジェストワードも調査して出力し、両方を1つのリストにまとめておくとよいでしょう。キーワード候補（類似した関連語）とサジェストワード（派生語）の両方をじっくり分析することで検索意図やニーズが見えてきたり、様々な気付きがあります。特に制作や開発スタッフに見せることで「こんなに集客の機会があるんだ！」というイメージを持ってもらえるので、施策をスムーズに進めやすくなります。

▶ キーワードリストを作成する 図表14-3

1 キーワード候補のデータをCSV形式で出力する

レッスン12と前ページを参考にキーワードプランナーでキーワードの検索数を調査しておきます。

1 ［キーワード候補をダウンロード］をクリックします。

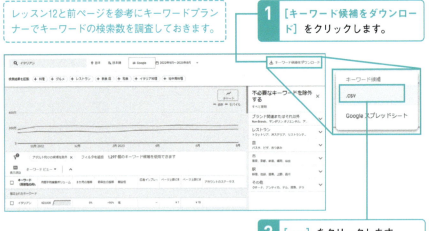

2 ［.csv］をクリックします。

2 出力したファイルを開く

［最近のダウンロード］が開き、ダウンロードされたCSVファイルが表示されます。

1 ［開く］ボタンクリックし、ダウンロードしたファイルを、Excelで開きます。

3 コピー&ペーストでキーワードリストを作る

キーワードと検索ボリュームが含まれているExcelファイルが表示されました。

Keyword	Currency	Avg. monthly searches	3か月の推前年比の推
イタリアン	JPY	823000	0%	50%
イタリア 料理	JPY	74000	0%	22%
俺の イタリアン	JPY	33100	22%	49%
トラットリア	JPY	27100	0%	22%
近くの イタリアン	JPY	22200	22%	49%
モダン パスタ	JPY	12100	22%	22%
バンサン	JPY	18100	-18%	49%
イタリアン レストラン	JPY	27100	0%	22%
パスタ ランチ	JPY	22200	-18%	83%
リストランテ	JPY	6600	0%	-19%
ミアボッカ	JPY	9900	0%	50%
オステリア	JPY	8100	0%	50%
アモーレ 木屋 町	JPY	6600	-18%	50%
ゾーナ イタリア	JPY	5400	0%	0%
イルコテキーノ	JPY	3600	0%	-19%
イタリア 食べ物	JPY	9900	-45%	23%
近くの パスタ 屋	JPY	6600	0%	50%
ドゥエ イタリアン	JPY	5400	23%	-33%
リナストアズ 表参道	JPY	4400	0%	0%
表参道 イタリアン	JPY	6600	0%	22%
アマルフィイ デラ セーラ	JPY	590	-18%	-33%
ラビスボッチャ	JPY	3600	0%	0%
イタリアン ランチ	JPY	18100	0%	50%
イタリアン バル	JPY	9900	0%	50%
エゾ バル バンバン	JPY	6600	0%	83%
パスタ テイクアウト	JPY	5400	0%	0%
美味しい イタリアン	JPY	3600	-17%	-45%
イタ 飯	JPY	5400	0%	0%

1 「Keyword」列と「Avg. monthly searches」列（検索ボリューム）を選択してコピーします。

Keyword	Avg. monthly searches
イタリアン	823000
イタリア 料理	74000
俺の イタリアン	33100
トラットリア	27100
近くの イタリアン	22200
モダン パスタ	12100
バンサン	18100
イタリアン レストラン	27100
パスタ ランチ	22200
リストランテ	6600
ミアボッカ	9900
オステリア	8100
アモーレ 木屋 町	6600
ゾーナ イタリア	5400
イルコテキーノ	3600
イタリア 食べ物	9900
近くの パスタ 屋	6600
ドゥエ イタリアン	5400
リナストアズ 表参道	4400
表参道 イタリアン	6600
アマルフィイ デラ セーラ	590
ラビスボッチャ	3600
イタリアン ランチ	18100
イタリアン バル	9900
エゾ バル バンバン	6600
パスタ テイクアウト	5400
美味しい イタリアン	3600
イタ 飯	5400

2 新しいExcelのシートにペーストします。

プランナーツール上で検索ボリュームの降順に並べても、ダウンロードするとなぜかそうではなくなっています。Excel上で「Avg. monthly searches」の降順に再度並べ替える必要があります。

NEXT PAGE → | 047

● サジェストワードを調べる

キーワードプランナーだけでは派生語が不十分な場合、続いて、サジェストワードで別途調査します。ここでは無料で使えるラッコキーワードを使用します。派生語の傾向を見るのであればこのツールの結果だけでも十分です。

検索ボリュームも確認したい場合は、図表14-4 の手順で、調べたサジェストワードを、キーワードプランナーの一括調査機能で調べてみましょう。

▶ ラッコキーワード
https://related-keywords.com/

▶ サジェストワードを調べる 図表14-4

1 サジェストワードを調べる

ラッコキーワードのサイトへアクセスしておきます。

1 キーワードを入力して検索ボタンをクリックします。

サジェストワードの一覧が表示されます。

2 画面右上の[CSVダウンロード]をクリックしてデータをダウンロードします（無料会員登録が必要です）。

[全キーワードコピー(重複除去)]を使ってコピー&ペーストもできます。

2 Excelで開き内容を精査する

46ページと同様にExcelでCSVファイルを開いておきます。

1 部分一致で「イタリアングレーハウンド」など無関係な派生語も含まれるので、削除します。

3 サジェストワードの検索ボリュームをまとめて調査する

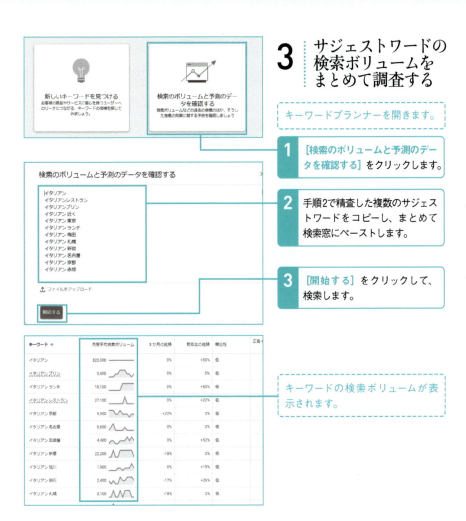

キーワードプランナーを開きます。

1 [検索のボリュームと予測のデータを確認する]をクリックします。

2 手順2で精査した複数のサジェストワードをコピーし、まとめて検索窓にペーストします。

3 [開始する]をクリックして、検索します。

キーワードの検索ボリュームが表示されます。

4 CSV形式で結果を出力する

1 画面右上の[キーワード候補をダウンロード] をクリックし、[過去のプラン指標] → [.csv]をクリックします。

ダウンロードされたファイルをExcelで開きます。

Chapter 2 検索意図を探って有効なキーワードを見つけよう

NEXT PAGE ➡ | 049

5 キーワード候補とサジェストワードのリストを作る

1 キーワードプランナーのキーワード候補とサジェストワードを並べて一覧にします。

キーワード候補	検索数	サジェストワード	検索数
イタリアン	823000	イタリアン	823000
イタリア 料理	74000	イタリアン レストラン	27100
俺 の イタリアン	33100	イタリアン 新宿	22200
トラットリア	27100	イタリアン ランチ	18100
近く の イタリアン	22200	イタリアン 恵比寿	14800
モダン パスタ	12100	イタリアン 梅田	14800
パンサン	18100	イタリアン 池袋	14800
イタリアン レストラン	27100	イタリアン 京都	9900
パスタ ランチ	22200	イタリアン 神楽坂	9900
リストランテ	6600	イタリアン 吉祥寺	8100
ミアボッカ	9900	イタリアン 札幌	8100
オステリア	8100	イタリアン 東京	8100
アモーレ 木屋 町	6600	イタリアン 英語	8100
ゾーナ イタリア	5400	イタリアン 上野	6600
イルコテキーノ	3600	イタリアン 名古屋	6600
イタリア 食べ物	9900	イタリアン 大宮	6600
近く の パスタ 屋	6600	イタリアン 大阪	6600
ドゥエ イタリアン	5400	イタリアン 表参道	6600
リナストアズ 表参道	4400	イタリアン プリン	5400
表参道 イタリアン	6600	イタリアン 赤坂	5400
アマルフィイ デラ セーラ	590	イタリアン 鎌倉	5400
ラピスポッチャ	3600	イタリアン 個室	4400
イタリアン ランチ	18100	イタリアン 宇都宮	4400
イタリアン バル	9900	イタリアン 居酒屋	4400
エゾ バル バンバン	6600	イタリアン 岡山	4400
パスタ テイクアウト	5400	イタリアン 柏	4400
美味しい イタリアン	3600	イタリアン 梅田 ランチ	4400
イタ 飯	5400	イタリアン 軽井沢	4400
イルボッカローネ	3600	イタリアン 金沢	4400
イタリアン 新潟	9900	イタリアン コース	3600
モダン パスタ メニュー	2900	イタリアン 京橋	3600
プレゼンテ スギ	2900	イタリアン 川崎	3600
イルブリオ	2900	イタリアン 川越	3600

> 両者を並べてみるとデータが結構違うことがわかります。キーワード候補はイタリアンに似た言葉、一緒に検索される店名など、サジェストワードはエリア名やコースやランチ、献立などの派生語がわかります。

> キーワードプランナーでも、調べた言葉によっては派生語が出てくることもあります。両方のツールで調べるのは手間もかかるので、派生語が少なそう、もしくは大事な言葉だけ両方調べてもよいでしょう。

Chapter 2 検索意図を探って有効なキーワードを見つけよう

Lesson 15 ［キーワードの分析］
リストアップしたキーワードと検索ニーズを分析しよう

このレッスンの
ポイント

本レッスンでは、派生語から検索ニーズを探ることに注目していきましょう。「人気度」「言葉のニーズ」「キーワードの組み合わせ」などを学び、自分のサイトのキーワードを知り尽くすことが大切です。

◯ 分析の際に注意する4つのポイント

まず分析したいのは検索数です。選んだキーワードが具体的にどの程度検索されているかを確認します。たくさんあって迷うようなら検索ボリュームが1,000をひとつの目安として考えましょう。この際注意しなければならないのは同音異義語です。例えば、アパレルのキーワードを調べていて「『ワンピース』は検索数が100万回もある！」と喜んではいけません。これは漫画やアニメのワンピースの検索が圧倒的に多いからです。そんなときは派生語にも注目しましょう。「動画」などがあるのですぐに漫画やアニメのニーズだということに気付きます。

キーワードを分析する際に気を付けるべきポイントを 図表15-1 にまとめました。

▶ キーワード分析の4つのポイント 図表15-1

ポイント	解説
1. 検索数が十分か	検索数の数値が目安として1,000以上あるか確認する。テーマや商材によってはそれ以下でもOK
2. ほかに同音異義語がないか	「ワンピース」など同じ言葉で他の意味を持つ場合は注意
3. 派生語の種類が十分か	派生語の種類や派生語の検索数からそのキーワードのポテンシャルを確認
4. 派生語のニーズがマッチしているか	一緒に検索される派生語を調査して真のニーズを確認

派生語からユーザーのニーズがわかります。

NEXT PAGE ➡ | 051

● ニーズのある言葉とニーズのない言葉を見極める

グルメサイトの場合を例にして実際に分析してみましょう。図表15-2 を見てください。都道府県はどのエリアも数千の検索数です。東京「都」など「都道府県」の文字は付けないほうが検索されていますが、いまの検索エンジンはどちらも同じ言葉として同一視していますので気にしなくても構いません。駅別の検索数も都道府県並みにありますが、路線はあまり検索されていません。雑誌やTVでは路線別のグルメ特集などありますが、SEOの世界では検索ニーズが少ないようです。

▶ 都道府県別と駅別のキーワード 図表15-2

都道府県別のキーワード

キーワード	検索数
東京　グルメ	60,500
静岡　グルメ	18,100
千葉　グルメ	12,100
茨城　グルメ	12,100
神奈川　グルメ	4,400
東京都　グルメ	390
千葉県　グルメ	2,900
茨城県　グルメ	3,600
静岡県　グルメ	1,600
神奈川県　グルメ	1,000

駅別のキーワード

キーワード	検索数
東京駅　グルメ	40,500
新大阪駅　グルメ	40,500
名古屋駅　グルメ	22,200
京都駅　グルメ	18,100
博多駅　グルメ	18,100
中央線　グルメ	260
京王線　グルメ	260
東横線　グルメ	170
西武線　グルメ	70
銀座線　グルメ	30

> 同じ路線でも不動産は「東横線　賃貸（1,900）」などの検索が見られます。確かにマンションなどは勤務地を考慮して路線で探しますよね。

● キーワードの種類によって組み合わせる言葉が違う

デパートなどの施設の場合、実は「グルメ」ではあまり検索が見られませんが、「グルメ」を「レストラン」に変えると検索数が一気に増えます。このようにキーワードの種類によって組み合わせる言葉が違う場合もあるので「検索されていない」とあきらめずにいろいろなキーワードの組み合わせを調べてみましょう。

▶ 有名スポットの組み合わせ例 図表15-3

キーワード	検索数
イクスピアリ　グルメ	1,300
六本木　ヒルズ　グルメ	480
ラゾーナ　川崎　グルメ	320
銀座　三越　グルメ	90

キーワード	検索数
イクスピアリ　レストラン	60,500
六本木　ヒルズ　レストラン	12,100
ラゾーナ　川崎　レストラン	9,900
銀座　三越　レストラン	8,100

組み合わせを変えると検索数が一気に増えることも

● 読み物に向くコンテンツ系キーワードを確認する

「お花見」や「デート」など目的やシーンなどのキーワードは、単にお店が並んでいるより解説が欲しいですよね。例えば「お花見」を開催するときにお店に確認したほうがよいことは？ 奥の席でも桜は見えるの？ など。コンテンツ系のキーワードの見つけ方と対策方法についてはレッスン44で解説します。

● 分析結果を表にまとめる

分析が終わったら、それぞれのグループの傾向を次ページ 図表15-4 のように表にまとめてみましょう。「サイトのメインキーワードになるビッグワードは何にするか」「どのキーワードは対策が必須か」「穴場のキーワードはあったか」などを書き出します。また、人気度が低かったキーワードもその理由を書いておきましょう。その際に、「自分のサイト内のどこのページで対策するか」という情報もあわせて書き出しておくと、後々サイトマップを作る際に役立ちます。サイトマップの作成は3章で説明します。

> ここまでの「検索ボリューム」「言葉のニーズ」「キーワードの組み合わせ」を踏まえて、分析結果を表にまとめましょう。次のページを見てください。

NEXT PAGE

▶ グルメサイトのキーワードまとめ表 図表15-4

> 「人気のワードが多いから対策したほうがいい」「実はあまり検索されていない」「こんな派生語が見られる」など気付きをまとめます。

> 「難易度」はキーワードを実際に検索して1ページ目に有名なサイトや良質なコンテンツが半分以上並んだら「高」、個人サイトやブログが多ければ「低」とする

グループ	分析結果	どのページで対策するか	難易度	重要度
ビッグワード	「グルメ」が1番人気。「飲食店」は「+開業」などの派生語で、経営者が用いるワード	トップページ	高	A
エリアワード	都道府県、市区町村、駅など幅広く検索されている。路線は検索されていなかった	エリアカテゴリ	高	A
料理ワード	料理名はレシピニーズもある。レストランを表すワードとして「店」や「屋」が付いたワードが見られる。「銀座　イタリアン」など「エリア+料理」の組み合わせも人気	料理カテゴリ	高	A
目的や条件ワード	「ランチ」「女子会」「個室」などいろいろ検索されている。「クリスマスディナー」や「桜の見える店」など季節限定ワードも見られる。中には「カップル席」「禁煙席」「子どもOK」など特に検索されていない条件ワードもあるが、ユーザビリティ目的で揃えてもよさそう	特集・読み物（コンテンツ）	中	B
有名スポットや施設ワード	周辺にレストランのあるスポットは検索が見られる。デパートなど施設は「+グルメ」より「+レストラン」の派生語が人気	有名スポットカテゴリ、特集・読み物（コンテンツ）	低	B
店舗名ワード	人気店は店名での指名検索が数万ある。チェーン店の場合は「+エリア」という派生語も一緒に対策したほうがいい。ランチやメニューなどのページも重要	店舗ページ	高	C

> 「重要度」は人気のキーワードが多い、キーワードの種類がたくさんありそうな重要なものからA、B、Cと入れる

> 次からはカテゴリのポイントを解説します。読み物などのコンテンツマーケティングについては6章で詳しく解説します。

Lesson 16 ［カテゴリの考え方］
SEOを考慮したカテゴリを作ろう

このレッスンのポイント

「カテゴリ」はデータを格納する箱のようなものです。カテゴリとSEOは密接に関係しており、ユーザーにとってわかりやすいカテゴリを作ると検索エンジンの評価も上がり、カテゴリページへの訪問数増加などの効果が望めます。

○ 検索エンジンからはカテゴリページへの訪問者が多い

カテゴリとSEOがなぜ関係するか、それはカテゴリページこそ訪問者が検索エンジンから流入してくる重要なページだからです。データベースを利用している中規模以上のサイトは 図表16-1 のような構造になると思います。このカテゴリ部分にアパレルなら「スカート」「ジャケット」「スーツ」などのキーワードが、グルメサイトなら「東京　グルメ」「新宿　グルメ」「神楽坂　和食」などのキーワードが、さらにニュースサイトでも「スポーツニュース」「芸能ニュース」などのキーワードが入ります。

▶ カテゴリページを含むサイトの構造 図表16-1

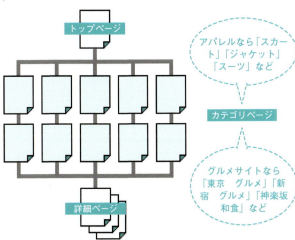

データベース型のサイトにとって、カテゴリページは検索エンジンからの重要な入り口です。このレッスンを読んでしっかり最適化しましょう。

NEXT PAGE

○ カテゴリには「定型データ」と「独自データ」がある

カテゴリには2つの種類があります。1つは「定型データ」、もう1つは「独自データ」です。誰が使っても同じで、変えようのないデータが定型データで、駅のカテゴリなどが該当します。全国にある駅と路線は変えようがなく決まったデータだからです。また、作家やアーティスト、芸能人など人に関するカテゴリも定型データです。それに対して、自分でいくらでも編集できるものを独自データと定義します。例えば、グルメサイトの料理カテゴリは自由に作れます。イタリアンの下にピザを作ることも、イタリアンを洋食の下に置くこともできますよね。SEO的に特に差が付くのは独自データです。ポイントは次のレッスン17で解説します。

▶ **カテゴリの種類** 図表16-2

- 定型データ……地名、人名など誰が使っても変えようのないデータ
- 独自データ……カテゴリを自分で自由に編集できるデータ

○ 定型データは強弱を付けて対策する

定型データは名称や分類を変えるのは難しいですが、「強弱を付ける」ことがSEO的なポイントになります。例えば、音楽系のサイトでアーティストをそのまま50音で並べると、例えばア行で人気の「Official髭男dism」が50音で後ろになり1ページ目に出てこない可能性があります。検索エンジンは1ページ目から評価するので、これでは人気アーティストへのリンクが弱まってしまいます。この場合はアーティストカテゴリに「人気アーティスト」というフラグ（印のようなもの、レッスン18参照）を付け人気アーティストは必ず1ページ目に表示すると効果的です。

▶ **フラグを付けて人気キーワードをピックアップする** 図表16-3

○ 良い例　50音に関係なく人気キーワードをピックアップする

✕ 悪い例　人気に関係なく単純に50音で並べる

Lesson 17 [カテゴリの作成]

独自データのカテゴリでSEO的な差を付けよう

このレッスンのポイント

それでは、独自データのカテゴリについてSEO的なポイントを5つ説明していきます。ここは、SEO的に差が付くところです。キーワードツールを駆使し、カテゴリを細分化しながらユニークなものにできるように実践していきましょう。

○ カテゴリ名称をキーワードにする

カテゴリの名称は訪問者が検索している「キーワード」に近付けることが非常に重要です。必要以上にキャッチーな名称にしたり、英語を使ったり、省略したりしていませんか？ 図表17-1 からもわかるように訪問者のキーワードになっているかで検索ボリュームに大きな差が付きます。キーワードプランナーなどのツールでしっかり検索数を確認して、1番検索数が多く、適切な言葉を選びましょう。

▶ 検索数に合わせてキーワードを選んだ例 図表17-1

考慮していない例	検索数
アクセ	2,900
アイカラー	2,900
美容機器	2,900
書類かばん	170
ナイトウエア	1,300
アイウェア	4,400
鍋もの	140
チケットショップ	33,100
ヘアサロン	90,500

考慮した例	検索数
アクセサリー	135,000
アイシャドウ	60,500
美顔器	74,000
ブリーフケース	14,800
パジャマ	110,000
メガネ	301,000
鍋料理	27,100
金券ショップ	201,000
美容室	673,000

名称は具体的にすること。例えば「クリーナー」だとメガネクリーナーか、エアコンクリーナーかわかりません。具体的な言葉にしないとキーワードとして認知されません。

NEXT PAGE ➡

⚪ カテゴリを細分化してテーマ性を高める

「商品やサービスがたくさんあるのに、カテゴリが細かく分かれていないので探しにくい！」そんな経験はありませんか？カテゴリが細分化されればその分サイトで対策できる「キーワード」が増え、テーマ性も高まります。また、カテゴリが少ないと、カテゴリ名に複数のキーワードを設定しなければならなくなり、テーマがぼやけてしまいます。もちろん、細分化すると商品を登録する手間がかかりますし、むやみな細分化は考えものですが、商品が多く細かいほうがよい場合には分けましょう。

▶ **カテゴリを細分化する** 図表17-2

```
┌─────────────────┐    ┌──────────┬──────────┬──────────────┐
│ ストール・マフラー・  │ →  │ ストール   │ マフラー   │ スカーフ      │
│ スカーフ          │    └──────────┴──────────┴──────────────┘
└─────────────────┘         小物類を無理やりひとくくりにしない

┌─────────────────┐    ┌──────────────┬──────────────┬──────────────┐
│                 │    │ フレアスカート  │ ミニスカート   │ シフォンスカート │
│ スカート          │ →  ├──────────────┼──────────────┼──────────────┤
│                 │    │ ひざ丈スカート  │ デニムスカート  │ ロングスカート  │
└─────────────────┘    ├──────────────┴──────────────┴──────────────┤
                       │ レザースカート  │
                       └──────────────┘
                                      同ジャンルでもさらに細分化する
```

⚪ カテゴリ名は重複させずユニークなものに

サイト内でカテゴリ名が重複せず、「ユニーク」になっていることは重要です。カテゴリを長く使っていたり、複数人で運用するうち、同名カテゴリが複数発生することが意外にあります。 図表17-3 のように、サイト内でキーワードの重複（食い合い）が起こってしまうと、順位やヒットするページが揺れ動いて安定しません。また、システムの都合で上下階層で同名カテゴリを設定しているケースでは、検索エンジンの評価が分散してしまうので、「カテゴリ2」にデータをひも付けて「カテゴリ3」をなくすか、canonicalタグを使って1つに正規化しましょう（レッスン53参照）。

▶ **キーワードは重複させないようにする** 図表17-3

✖ キーワードが重複している例

カテゴリ1	カテゴリ2	カテゴリ3
雑貨	家具	キッチン用品
雑貨	日用品	キッチン用品
雑貨	インテリア	キッチン用品
雑貨	調理器具	キッチン用品

✖ 上下階層で重複している例

カテゴリ1	カテゴリ2	カテゴリ3
北海道	札幌	札幌
北海道	函館・松前	函館
北海道	函館・松前	松前

● タグや絞り込み検索を使わない

大規模なサイトになるとカテゴリの代わりにタグやファセットと呼ばれる絞り込み検索、もしくはサイト内検索を使っているサイトもよく見かけます。ただ、SEO的な効果はカテゴリが1番高いのです。少し難しいですが、図表17-4 を見て違いを理解してみましょう。カテゴリは2階層、3階層の階層構造化することができて、サイト内からも静的にリンクされます。リンクされるということはクロールもされやすいです。また、商品担当者が手動

で商品登録しますので、質も高く、関連性のある商品が並びます。

一方、絞り込みやサイト内検索は機械的に作ることが多いのでSEO的にはあまり評価が高まりません。またそれらのページへのリンクはプルダウンや動的検索、モーダルなど検索エンジンが認識できないリンク方法が多いです。手間でもカテゴリをしっかり作って商品登録するとよいでしょう。

▶ カテゴリと絞り込み、サイト内検索、タグとの比較 図表17-4

	カテゴリ	絞り込み、サイト内検索、タグ
階層構造化	○	✕
サイト内からのリンク	○	✕
一覧の質が高い	○	△
コントロールできる	○	△
無限に増えない	○	△
クロールされやすい	○	✕

SEO的に重要なポイントがそれぞれどのくらいできているかを○△×で表している

👍 ワンポイント　複数の表記は以前ほど気にしなくてもよくなった

2015年頃までは検索エンジンの辞書の精度がそこまで高くなかったのでキーワードによっては両方使わないとヒットしないものもありました（プリンタ／プリンター）。ここ最近はGoogleの辞書も飛躍的に精度が向上しており、いろいろな言葉が自動的に同一視されるようになっています。「プリンタ」と「プ

リンター」はもちろん、「Mr.Children」と「ミスチル」など違う言葉でも同じ意味合いの言葉はほぼ同じ検索結果になっています。ただし、依然区別されている言葉はありますし、完全一致のほうが上位にはヒットしやすいので、検索数を確認して人気の表記を採用することをおすすめします。

NEXT PAGE ➡

人気のカテゴリから並べる

「並び順」も考慮すべきポイントです。何となく並べるのではなくて、人気キーワードのカテゴリ、売れ筋のカテゴリから並べるとより評価が高まります。また特にシステム生成しているような大規模サイトにおいて、個数制限のあるリンクを出すときに「カテゴリの並び順で上から◯個出す」という仕様をよく見かけます。その際もSEO的に強化したいカテゴリを上に配置しておけば優先的にリンクされるので効果的です。

▶ 強化したいカテゴリを前に表示する 図表17-5

料理から探す

和食
　親子丼　天井　蕎麦

料理カテゴリへ

重要なカテゴリが表示されるようにしておく

上のリンクは和食の一階層下のカテゴリを上から3件表示したものです。人気のカテゴリから並べておけば、リンクを強化できますね。

ワンポイント　カテゴリの最適化にAIも活用できる

これらの5つのポイントを考慮しながらカテゴリを再設計したり、新規構築したりすることは本当に大変です。いままでアパレルから家具、食品、不動産、求人、メディアなどあらゆるサイトのカテゴリを設計しましたが、どんなカテゴリでも作業に最低1カ月はかかります。特に自分の知見のない分野（自分が免許を持っていないバイクなど）の場合にはまずそのジャンルについての勉強から始めなくてはいけません。いまは、レッスン9で紹介したChatGPTが活用できます。例えば植木鉢の種類カテゴリを作るときにChatGPTに聞いたら、主な種類とその内容をまとめてくれました。中には見落としていたキーワードもあり、知見のないカテゴリ作成には役立つと思っています。

Lesson 18 ［マルチアサイン、重要度フラグ、エイリアス］
カテゴリにあると便利な機能を知ろう

このレッスンの
ポイント

次は少し難易度が高めの内容になりますが、皆さんに知っておいていただきたい機能を3つ紹介します。システム的な対応が必要ですのですぐに実現できないかもしれませんが、ぜひ実装いただきたいです。

◯ マルチアサイン機能を取り入れよう

「マルチアサイン」は重要な機能です。これは1つの店舗や商品を複数のカテゴリにアサイン（登録）する機能です。例えば、グルメサイトで「和食」のほかに「懐石料理」や「蕎麦」などのカテゴリを増やしたとします。「蕎麦懐石アユダンテ」というお店があった場合に「和食」だけにしか登録できないのはもったいないです。こんな場合にマルチアサインの機能があれば、関連する「懐石料理」や「蕎麦」などにも登録できます。これにより、サイト内で露出の機会が高まったり、被リンク効果も得られるので有効です。

▶ シングルアサイン 図表18-1

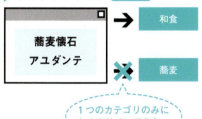

1つのカテゴリのみにしかアサインできない

▶ マルチアサイン 図表18-2

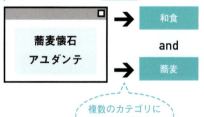

複数のカテゴリにアサインできる

アサインとは「登録」です。商品、店舗、また記事なども管理画面からカテゴリに登録しますよね。登録された商品は該当するカテゴリページに表示されます。そのため、アサインすればするほど露出が増えてカテゴリページからの被リンクも発生するのです。

NEXT PAGE ➡ 061

○ アサインは精度も重要

よく「その他」カテゴリにたくさんの商品が分類されていたり、そのカテゴリとマッチしない商品が並んでいたりするサイトを見かけませんか？例えば「カニ」カテゴリにエビやイカが並んでいたらどうでしょうか。「カニ」のテーマは薄れ、検索エンジンは評価しません。ユーザーも結局欲しい商品を探すことができず、購入に至らないことが想像できます。アサインを行う商品やサービス担当の人に重要性を理解してもらって精度を高めましょう。

精度はとても重要です。関連ある商品を登録し、また0件のカテゴリができないようにしましょう。

○ 重要度フラグ、季節フラグの機能を設ける

レッスン16で定型データに強弱を付けるための「重要度フラグ」について説明しましたが、ここではもう少し詳しく説明します。定型データ、独自データの型を問わず、重要なカテゴリを強化できる重要度フラグがあると便利です。例えば図表18-3のように、グルメサイトならトップページに「人気料理ピックアップ」という枠を置いてリンクを表示したり、「季節フラグ」を設けておけば冬の間は「寄せ鍋」や「ポトフ」など季節に応じた料理を表示することができます。データに重要度や季節・月を付与し、画面のどこに表示するかを定義して、開発に入りましょう。

▶ 重要度フラグの設定　図表18-3

カテゴリ1	カテゴリ2	重要度フラグ
和食	親子丼	
和食	寿司	○
鍋料理	もつ鍋	
鍋料理	しゃぶしゃぶ	○
鍋料理	すき焼き	○

人気料理ピックアップ

寿司　しゃぶしゃぶ　すき焼き

SEO的に強化したいカテゴリに重要度フラグを付ける

重要度フラグを付けたカテゴリをピックアップする「人気料理ピックアップ」という枠を設け、重要度フラグを付けたカテゴリを表示すると内部リンク強化になる

◯ エイリアス機能を設ける

最後は「エイリアス」です。「エイリアス」とはカテゴリに別名を設ける機能です。例えば、メンズファッションのサイトの場合、キーワードは「メンズ ジャケット」「メンズ パンツ」など「メンズ」が付く言葉ですが、全カテゴリ名に「メンズ」が入るとナビゲーションの表示などが煩雑になり、視認性も悪くなります。そこで、カテゴリ名は「カットソー」とし、エイリアスに「メンズ カットソー」と別名を入れておくことで画面上に表示する名前を出し分けられます。

▶ エイリアスの使用例 図表18-4

カテゴリ1	カテゴリ2	2のエイリアス
メンズファッション	ジャケット	メンズ ジャケット
メンズファッション	コート	メンズ コート
メンズファッション	パンツ	メンズ パンツ
メンズファッション	シャツ	メンズ シャツ
メンズファッション	ニット	メンズ ニット
メンズファッション	カットソー	メンズ カットソー

データベース上で、エイリアスを設定しておく

[リンク元ページ]

メンズファッション

 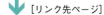

ジャケット　コート　パンツ
シャツ　ニット　カットソー

[リンク先ページ]

メンズカットソー

メンズカットソーコーナーではバイヤーおすすめの商品を多数取り揃えています。

すべて「メンズ」が付くと煩雑になるので、項目が並ぶページはカテゴリ名を表示する

リンク先のページではエイリアス名を表示してキーワードを対策する

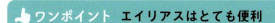

ほかにもスペースに制限のあるパンくずリストやサイドナビには、「カットソー」などのカテゴリ名を表示するとよいでしょう。

👍 ワンポイント　エイリアスはとても便利

エイリアスは主に「メンズ」など、性別に関わるキーワードで使うことが多いですが、ほかにもいろいろ活用できます。例えば東京の賃貸マンションのサイトであれば、ナビゲーションには「板橋区」「練馬区」と出し、リンク先では「板橋区 賃貸マンション」と出し分けることでしっかりSEOとユーザビリティの双方を担保できるのです。

質疑応答

Q キーワードツールは必ず使ったほうがよいですか？

A キーワードツールは本章で紹介したものから、市販のものまで多数あります。SEOを本格的にやっている方は何かしらの有料ツールを使っていることでしょう。

ただ、重要なことはツールを使うことではありません。ツールはあくまでも自分の仮説を裏付けるための調査ツールでしかないのです。

大事なことは、どんな訪問者をターゲットとして、訪問者にはどんな検索ニーズがありどんな言葉で検索されているのか、そして、その意図は何かということを考えて読み解くことであり、本書を通じて皆さんに培っていただきたいのはこの力です。筆者もキーワード調査の多くの時間はその考える部分に費やします。

様々なキーワードツールがありますが、その多くはGoogleのキーワードプランナーのAPIを使っているため、本書でも説明しているように派生語の漏れや語順違いの抜けなども起こってしまう可能性が高いです。

もちろん、キーワードごとの検索数を知る目安としては使ったほうがよいですが、ツールを過信せず、常に訪問者の気持ちになって考える癖を付けるとよいでしょう。

Chapter 3

業種別に最適な
サイト構成を考えよう

訪問者が最適と感じるサイト構成は、業種やサイトのジャンルによって異なります。ここでも訪問者の検索ニーズを大切に、ユーザーが使いやすいサイトを目指しましょう。

Lesson **19** ［サイト構成の考え方］
サイト構成はユーザーの検索ニーズから考えよう

このレッスンのポイント

ここから実際にサイト構成を考えていきます。SEO的に重要なポイントは、「検索ニーズ＝訪問者の目的」ですので、検索ニーズからサイト構成を考えることに焦点を当てていきます。サイトの全体像をしっかり決めていきましょう。

○ まずはサイト構成から考える

2章で選定したキーワードをもとにサイト構成を考えていきます。これは新規にサイトを作るときやリニューアルのときに非常に有効です。サイト構成を決めずにいきなりページのデザインから入るケースも意外に多いですが、SEOにかかわらず、最初にサイトの全体像を決めることが重要です。流れとしてはまず、「サイトマップ」を作ってサイトの構造を把握し、そこにターゲットキーワードを配置した「キーワードマップ」を作りましょう。また、サイト構成を考えるときに欲張ってはいけません。人気のキーワードがあるけれど、扱っている商品がない。そんなとき「ページだけ作って類似商品に誘導すればよいじゃないか」と思うかもしれませんが、そういうページは「低品質」として検索エンジンには評価されにくくなります。

▶ サイト構造はサイトマップとキーワードマップで考える 図表19-1

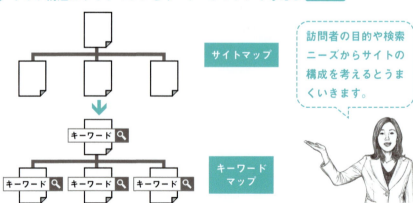

訪問者の目的や検索ニーズからサイトの構成を考えるとうまくいきます。

サイトマップにキーワードを書き込んでいく

まず、サイト全体を見渡せる「サイトマップ」を作ります。このとき2章のレッスン15で考えたまとめ表を使いましょう。まとめ表では各キーワードグループを「どのページで対策するか」をメモしてあるので、これをサイトマップに再現します。「サイトマップ」ができたら次は「キーワードマップ」を作ります。図表19-2のサイトマップにどこでどのキーワードを対策するかを書き込んでいきます。サイトマップ上にキーワードを置いて可視化することで、ユーザーの検索ニーズとそのキーワードが漏れなく対策できるようになります。あわせて、どことどこがリンクするのかリンク構造を考えることも重要です。

▶ グルメサイトのサイトマップ・キーワードマップ例 図表19-2

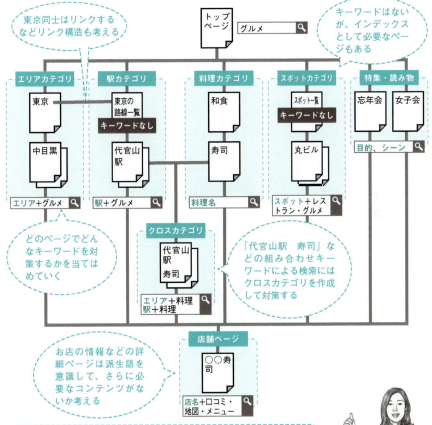

サイトマップはまず手書きすると整理しやすいです。関係者で共有する場合はPowerPointなどに起こすとよいでしょう。

Lesson 20 ［業種別サイトマップ＆キーワードマップ①］
ECサイト・ネットショップは幅広いキーワード対策を重視しよう

このレッスンのポイント

ここからは、業種別に対策するべきと考えられる「サイトの構造」と「キーワード」を7つ紹介していきます。まずファッションECサイトであれば、アイテムやブランド、シリーズ名に至るまで細かく対策していく必要があります。

Chapter 3　業種別に最適なサイト構成を考えよう

○ ファッションECサイトの場合

ここでは、レディースファッションを扱うECサイトを例に解説します。マップ内の①～⑤に対応する番号順に詳細を確認していきましょう。

▶ファッションECサイトのサイトマップ＆キーワードマップ例　図表20-1

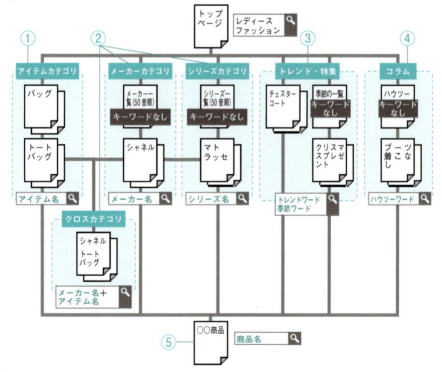

①できるだけ細かくアイテムキーワードを対策する

どんなECサイトでも、メインの対策になるのは「アイテムキーワード」です。ECサイトは競争が激しいので、「バッグ」ではなく「トートバッグ」など、より細かいカテゴリまで作って対策していきたいところです。アイテムキーワードの派生語としては「通販」、さらに周辺キーワードとして特にデジタル製品や美容系は「ランキング」や「比較」コンテンツをアイテム配下に作ると有効です。

▶ アイテムキーワードのポイント 図表20-2

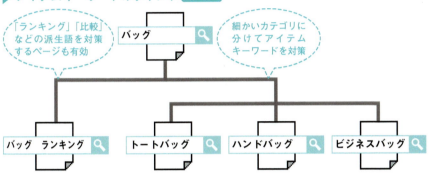

②ブランドやシリーズ名はクロスカテゴリで対策する

ブランド商材を扱う場合には、メーカー（シャネル）やシリーズ（マトラッセ）などが有効です。例えば、他のジャンルでもメーカー（ソニー、オメガなど）、シリーズ（ブラビア、スピードマスターなど）がありますよね。これらはブランド指名ワードなのでコンバージョンにもつながりやすいです。またメーカーはアイテムとクロスさせて「シャネル　バッグ」（110,000）、「DELL　パソコン」（6,600）のようなキーワードも対策しましょう。

▶ ブランドやシリーズ名とアイテム名のクロスカテゴリ 図表20-3

③トレンドワード、季節ワード対策で差を付ける

トレンドワード、季節ワードも忘れてはいけません。これらは意外と対策していないサイトが多いので狙い目です。特にノンブランド商材のサイトは、ここに注力するとよいでしょう。例えば、トレンドワードはその年に流行する一過性のキーワードです。雑誌やコレクション情報から流行するものを事前に察知してページを作ります。トレンドワードは裏の仕組みはサイト内検索を使っていち早く作成してもいいでしょう。商品を手動でアサインする必要がなく、効率的にページを作成できます。季節ワードは毎年発生するので特集で対策するのが効果的です。季節ワードはオンシーズンの2～3カ月前からページを公開し、必ず「2023年クリスマスプレゼント」などその年の年号を入れます。また、URLの歴史も評価されるので、URLには「2023」などの年号を含めず、毎年流用することも忘れてはなりません。

▶ 季節ワードやトレンドワードで集客する 図表20-4

| 2023年クリスマスプレゼント | ➡ | example.com/season/xmas/ |
| 今春流行のペンシルスカート | ➡ | サイト内検索機能で/search/pencil/ などのページを作成 |

④ユーザーの知りたいニーズをコラムで対策する

読み物系のキーワードも忘れず対策する必要があります。それは「ハウツーワード」です。例えば「ショートブーツ　コーデ」(14,800) などのコーデキーワードから「浴衣の着方」「マフラー　巻き方」「紫外線対策」「リュック　選び方」など様々なハウツーワードがあります。
「卒園式　服装」は春になると2万近く検索される人気キーワードです。「卒園式の服装 ママにぴったりなのはこれ！」のようなコラムを書いてもよいですね。キーワードツールで「着方」「着こなし」「コーディネート」「対策」「選び方」「作り方」などの言葉で調べると様々なハウツーキーワードを見付けることができます。コラムの作り方や商品への効果的な誘導法についてはレッスン45で解説します。

▶ ハウツーワードのニーズ 図表20-5

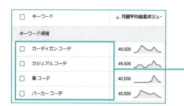

キーワードプランナーで調べると、様々な「コーデ」が検索されていることがわかる

⑤商品はユニークな名称を付ける

商品名はメーカー独自のオリジナル名称が多く、さほど検索はされません（型番は別です）。1つ注意するとしたらなるべく独自の名称を入れることです。例えば、商品名が「5本指靴下」であれば「しっとり肌に優しい5本指靴下」など各商品ごとに独自の商品名にします。なお、サイズ違いや色違いの商品があるときは、それぞれページを作成せず、1つのページにまとめます（レッスン52参照）。また、口コミ（商品レビュー）はE-E-A-Tの観点からもECサイトで非常に重要となってきています。自動的にオリジナルコンテンツが増加しますし、Googleも口コミのようなユーザーが発信するUGCコンテンツを評価します。「商品名＋口コミ」という検索も増えているので集客効果も期待でき、何より購入の後押しになることは間違いありません。

▶ 商品ページでは口コミページも作成する　図表20-6

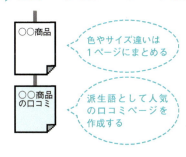

商品名とは別に口コミページを作ると商品名＋口コミで対策できます。

🏷 ワンポイント　UGCコンテンツとは

UGC（User Generated Contents）は個々のユーザーが発信する口コミや評価、体験談などの情報コンテンツのことです。ECサイトのほか、グルメサイトや宿泊サイトでも多く見かけます。ユーザーが自由に発信できるため質を担保するのが大変ですが、商品に対するコンテンツが継続的に増えますし、E-E-A-TのE（経験）に値するのでSEO的には重要です。
特に様々なユーザーが書くという点がポイントで、文章にバリエーションが生まれ細かいキーワードが自然と増えていきます。
近年はスマートフォンの増加で文字数の少ない口コミが増えていますが、Googleはレビューの質も評価しますし、もちろん訪問者にとっても詳細で役立つ口コミを集めたいものです。口コミを項目立てしたり、評価制度を設けることで、なるべく充実した口コミを書いてもらえるようにしましょう。

Lesson ［業種別サイトマップ＆キーワードマップ②］

21 ブログサイトは時間軸とソーシャルメディアを意識しよう

このレッスンのポイント

近況報告や食レポなど、様々な用途で使われている「ブログ」。キーワードやソーシャルメディアを意識することで、SEOに活用できます。ここでは効果が期待できるブログでのSEO対策を4つ解説します。

○ ブログのサイトの場合

ここでは、新車情報を扱うブログサイトを例に解説します。時間によって変化するキーワードに応じて記事を作成して対策すると効果的です。

▶ ブログのサイトマップ＆キーワードマップ例 図表21-1

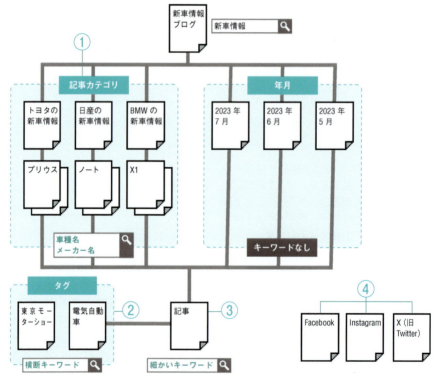

①検索ニーズからカテゴリを考える

記事のカテゴリはブログのテーマに合わせて検索ニーズから作りましょう。その手間の多さから年月しかカテゴリがないブログも多いですが、キーワードからカテゴリを作ると、検索エンジンにインデックスされやすくなり、訪問者の数も増加します。例えば新車情報のブログであれば、新車の派生語として人気のメーカーや車種でカテゴリを作ります。最近は逆にカテゴリをたくさん作って記事を複数にひも付けているブログも見かけますが、関連性が薄くなることもあり逆効果です。記事のカテゴリ登録は最も関連あるものを1つ、多くても2つくらいまでにしましょう。

▶ カテゴリは検索キーワードから考える 図表21-2

②タグを使ってカテゴリを横断するキーワードを対策する

タグはカテゴリを横断するキーワードがあり、ブログシステムに機能がある場合には設けてもよいでしょう。車の場合、例えば「東京モーターショー」や「電気自動車」など、メーカーを問わず関係するキーワードでタグを作ります。一過性の人気のキーワードを対策してもよいですね。カテゴリで対策しきれなかった人気のキーワードはタグでフォローできます。

▶ タグの使用例 図表21-3

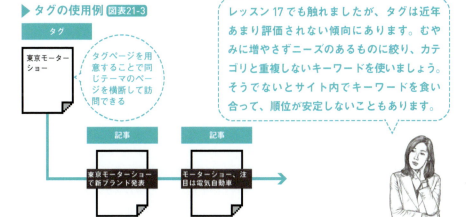

レッスン17でも触れましたが、タグは近年あまり評価されない傾向にあります。むやみに増やさずニーズのあるものに絞り、カテゴリと重複しないキーワードを使いましょう。そうでないとサイト内でキーワードを食い合って、順位が安定しないこともあります。

③時期に合わせて変化するキーワードを対策する

記事は、ブログにとって1番流入が期待できる重要なページです。記事のテーマを決める際にはツールでしっかりキーワード調査をしましょう。またブログならではの施策に「時間軸のキーワード」対策があります。これは時間経過によって変化するキーワードを丁寧に追いかけて記事にするものです。図表21-4 のように、自動車の場合、発売前→発売直後（新車）→発売1年後〜（中古車）と3つの時期があります。派生語に注目してください。「価格」「発売時期」から「契約」や「試乗」、そして「中古」と訪問者のキーワードが変化します。このように時間という概念があるキーワードを見つけた場合はキーワードに合わせてブログの記事を書いて古い記事とリンクを張り合うと非常に効果的です。

▶ 時期によるキーワードの変化（レクサスのNX350の場合） 図表21-4

[時期]	[派生語]
モーターショーでのお披露目	「NX350 ＋価格、発売時期」
新車発売時	「NX350 ＋契約、試乗、納車」
発売1年後〜（中古車）	「NX350 ＋中古、燃費」

「試乗」などは動画も有効です。テキストだけでなく画像や動画などユーザーが求めるニーズに合わせてブログ記事を作りましょう。

④ソーシャルメディアを意識する

ブログ記事を書くときにはソーシャルメディアも意識しましょう。記事ページには必ずソーシャルボタンを掲載し、共感したユーザーが共有しやすくします。記事を作るときに使った画像や動画などを投稿に含めると反応も良いようです。そしてX（旧Twitter）やFacebookなどを運営しているなら記事の更新とともにソーシャルメディアでも投稿しましょう。旬のトピックや良質なコンテンツであればソーシャルシェアされたり、Web上で話題になったり、コメントが書き込まれたりするので、それらのアクションはSEOにも重要です。ある人気ブログは専門家によるコメントでにぎわっており、それだけで1つの質の高いコンテンツになっています。ソーシャルメディアについては5章で詳細を説明します。

Lesson 22

[業種別サイトマップ＆キーワードマップ③]

ニュースやメディアサイトはフローとストックで整理しよう

このレッスンのポイント

ニュースやメディアサイトでは「フロー」と「ストック」を意識しSEO対策していきましょう。「フロー」は日々流れていくニュース記事、「ストック」は記事をカテゴリごとにアーカイブ化して長く集客する考え方です。

○ ニュースサイトの場合

ここでは、スポーツや芸能関連のニュースを扱うサイトを例に解説します。日々更新されていくニュースと蓄積されていくコンテンツの両方に対策しましょう。

▶ニュースサイトのサイトマップ＆キーワードマップ例　図表22-1

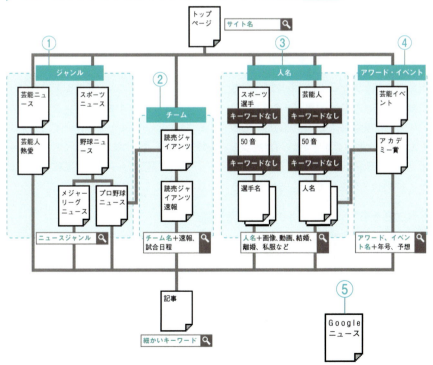

NEXT PAGE ➡ 075

①ジャンルはキーワードで細かく分類する

ニュースやメディアはジャンルに分類できます。「スポーツ」など1階層目まではどのサイトも実現できていますが、「スポーツ」の下に「野球」、その下に「プロ野球」までカテゴリがありますか？芸能ニュースも例えば「芸能人　妊娠」(5,400)、「芸能人　結婚」(27,100) などキーワードに合わせて細かく分類するとよいでしょう。

▶ ニュースジャンルは細かく分類する 図表22-2

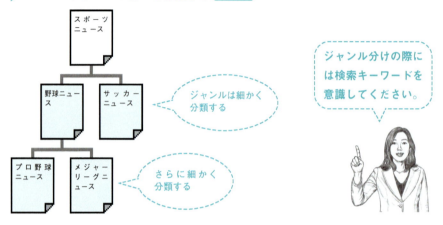

②スポーツジャンルはチーム名を対策する

例えばスポーツなら、チームや球団名も検索されています。「読売ジャイアンツ」の年間平均検索数はなんと30万回。もちろん1位は公式サイトですが、「読売ジャイアンツ　速報」などの派生語では公式サイトは1位ではありません。派生語をうまく使うことでニュースサイトでもクリックされる機会は増えます。これらのカテゴリはジャンルとひも付けて、例えば野球ニュースやプロ野球ニュースのページから各球団のカテゴリに遷移できるような作りにするとよいでしょう。

▶ 派生語を意識してカテゴリを作る 図表22-3

③人名を対策してストックコンテンツを作る

人名カテゴリはぜひ対策したいストックコンテンツです。こちらもジャンルとひも付けて、スポーツニュースからスポーツ選手のカテゴリへ遷移できるようにします。選手のほかにも芸能人、海外セレブ、監督、歌手、政治家、評論家などいろいろなデータベースを作ることができるでしょう。人名はどのジャンルでも特に「人名+画像」が検索されます。人ごとに画像一覧ページを作るのも効果的です。また自分が運営するサイトがニュースサイトだからといって「ニュース」という言葉を忘れず、人名ページのタイトルはしっかり「人名+ニュース」とキーワードを含めるようにしましょう。

▶ ニュースジャンルと人名ページをひも付ける 図表22-4

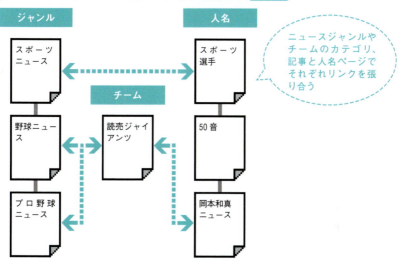

👍 ワンポイント 「フロー」コンテンツと「ストック」コンテンツとは

フローコンテンツとは日々更新されて流れていくコンテンツのことです。SEO的にはニュースサイトの記事やブログの記事などを指します。Googleは鮮度を重視する「QDF（Query Deserves Freshness）」というアルゴリズムを持っており、新鮮な情報というのは一時的にヒットしやすくなります。ただし情報は流れていくものですから過去の記事は埋もれてしまい、よほどの人気記事でない限りその記事への長期的な流入は見込めないでしょう。一方、ストックコンテンツとは蓄積されるコンテンツのことでカテゴリや特集などを指します。常設されるページですのでSEO効果が出れば長期的な安定した流入が見込めます。

NEXT PAGE ➡ 077

④毎年恒例のイベントをアーカイブにする

アワードやイベントはそれ自体は毎年やってくるフローコンテンツですが、そのニュースをアーカイブ化することでストックコンテンツにします。必ずその年の年号を付けて「2023年　アカデミー賞」などの言葉にしましょう。賞の前は「予想」、賞の発表以降は「発表」と同じページで言葉を変えるのも効果的です。

▶ フローコンテンツをアーカイブ化する 図表22-5

「アカデミー賞」カテゴリ

2024 年　アカデミー賞　予想 　　2023 年　アカデミー賞　発表

2022 年　アカデミー賞　発表

アカデミー賞関連の記事をすべて格納する

⑤Googleニュースを意識する

ニュースサイトでは、Googleニュースも意識しましょう。登録されると検索とは違ったトラフィックが獲得できます。まだ登録されていない場合は、以下のパブリッシャーセンターヘルプを見て登録を行ってください。登録後、パブリッシャーセンターでは自身のサイトのGoogleニュースの管理もできます。ニュースに登録されたらGoogleニュース内でなるべく表示されるように話題性が高く最新のニュース、独自の内容のニュースなどを発信するようにしましょう。

またクロールを促進するサイトマップ（レッスン55参照）や構造化データ（レッスン34参照）も有効です。詳しくはそれぞれのレッスンを参照してください。

▶ パブリッシャーセンターヘルプ：Google ニュースにコンテンツを掲載する
https://support.google.com/news/publisher-center/answer/9607025?hl=ja

---

👍 ワンポイント　**Google Discoverからの流入を獲得しよう**

ニュースサイトでは、Google Discoverも重要な経路です。これはChromeブラウザやGoogleアプリに自動的に表示されるニュースフィードで、ニュースサイトでは流入の3割がDiscoverというケースも見かけます。どうやったら表示されるのか、詳しくは以下のヘルプを参照して対応しましょう。

▶ Discover とウェブサイト
https://developers.google.com/search/docs/appearance/google-discover?hl=ja

Lesson 23 ［業種別サイトマップ＆キーワードマップ④］
美容・健康系のサイトは悩み解決のコンテンツを活用しよう

このレッスンのポイント

美容・健康に関わる商品を扱う企業の場合、昔から薬機法の関係で広告表現の規制が厳しく、SEOが重要な分野です。特に検索されやすいお悩みや症状は非常に有効なキーワードです。アイテムキーワードとともに対策しましょう。

◯ 美容情報サイトの場合

ここでのイメージは美容の情報サイトやメーカーサイト、ECサイトです。アイテム、お悩み、そして店舗がある場合にはエリアも関係します。

▶ 美容情報サイトのサイトマップ＆キーワードマップ例 図表23-1

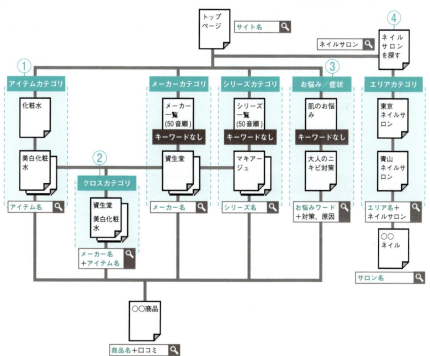

NEXT PAGE → | 079

①アイテムの種類は細かく分ける

前ページの図では便宜上2階層での表現になっていますが、アイテムカテゴリの階層は、「メイクアップ」「ファンデーション」「リキッドファンデーション」など最大でも3階層で構築するとよいでしょう。他の分野と同様に、なるべく細かく、例えば「化粧水」の下に「美白化粧水」「乾燥肌用化粧水」「敏感肌用化粧水」「収れん化粧水」「拭き取り化粧水」などの階層を設けることをおすすめします。ほかにも「ヘアケア」「ボディケア」「オーラルケア」「医薬品」「介護用品」「ダイエット用品」「健康食品」など美容・健康関連のアイテムはキーワードの種類が豊富です。

> 美容・健康系はアイテムの種類も豊富なので、きっちり分類して対策したいですね。

②メーカーやシリーズとアイテムの組み合わせも有効

メーカーのキーワードは、メーカー単体よりも「メーカー＋アイテム」が人気です。「資生堂　ファンデーション」(14,800)、「ファンケル　サプリ」(8,100) などそのメーカーの主要アイテムとの検索が結構見られます。また、主に化粧品メーカーではシリーズ名での検索も発生します。公式サイトが1位にヒットしますが、もし公式サイトでオンライン販売をしておらず、あなたのサイトがECサイトであれば、十分クリックされる機会はあります。

▶「メーカー」と「アイテム」のクロスカテゴリを用意する　図表23-2

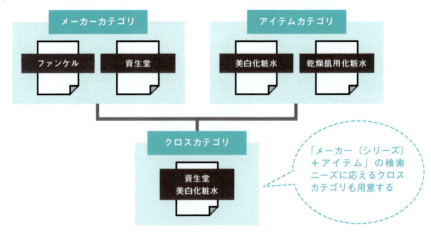

> 「メーカー（シリーズ）＋アイテム」の検索ニーズに応えるクロスカテゴリも用意する

③悩みや症状の解決コンテンツを用意する

悩みや症状の対策はこの分野で非常に有効です。特に人に聞けないような恥ずかしい悩みは数万の人気度になります。美容であれば部位別に分類、例えば「肌の悩み」であれば、大人のニキビ、ニキビ跡、シミ、ほうれい線、目のくまなど悩みがいろいろありそうです。健康サイトであれば症状ですね。「胃痛」ひとつをとっても、「食後　胃痛」「胃痛　吐き気」「空腹時　胃痛」「胃痛　みぞおち」などバリエーションは豊富です。階層化して細かく作ってもよいでしょう。ここで重要なのは悩みや症状ごとの派生語です。「乾燥肌　対策」「便秘　解消」「ニキビ　予防」「腰痛　原因」など、それぞれ一緒に検索される言葉が異なります。さらに「背中の痛み　何科」など「何科」というのも症状によっては検索されています。この分野はE-E-A-Tが特に重要なのでコラムなどの解説ページを設ける場合には医師に依頼したり、監修を頼むなどユーザーの期待を裏切らない良質なコンテンツを目指しましょう。コンテンツのE-E-A-Tについてはレッスン43を参照してください。

▶ 悩みを解決するコンテンツが有効　図表23-3

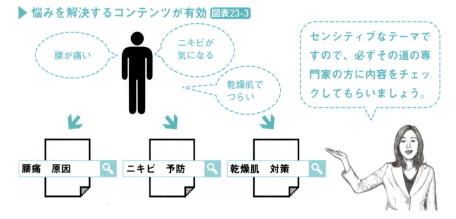

④店舗系ページはエリアキーワードで対策する

美容・健康でエリアカテゴリが関係するのはネイルサロン、美容院、整体、病院などの店舗系コンテンツですね。例えばネイルサロンなど業態の下にエリアページを作って対策します。件数の多いポータルサイトでは路線・駅カテゴリも設けると有効でしょう。

施設がある場合にはローカル施策も必須です。Googleビジネスプロフィールを活用しましょう。詳しくはレッスン42を読んで対策してください。

Lesson 24 ［業種別サイトマップ＆キーワードマップ⑤］

不動産サイトは技術面でサイトを見直そう

このレッスンのポイント

不動産サイトは更新性の高い「物件」を扱うため技術的な課題が多く、本格的なSEO施策の難易度は高いです。技術部門に協力を仰ぎ、リニューアルのタイミングで施策を行うとよいでしょう。

○ 不動産サイトの場合

ここでは、賃貸情報サイトを例に解説していきます。技術的な難易度は高いですが、複数の条件を組み合わせたクロスカテゴリの設定が効果的です。

▶ 不動産サイトのサイトマップ＆キーワードマップ例 図表24-1

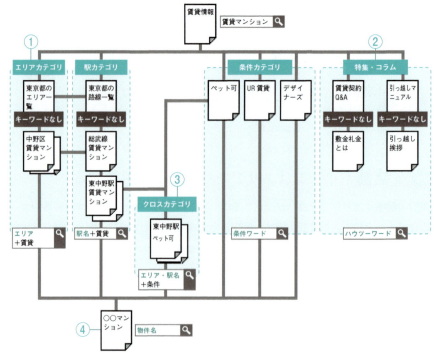

①第一にエリアのカテゴリを整備する

検索ニーズとしてはまずエリアがきます。住みたい駅や転勤予定のエリアなど、エリアカテゴリと路線・駅カテゴリが必須です。といってもエリアと駅は定型カテゴリなので、人気のエリアや駅に「重要度フラグ」を立てる（レッスン18参照）ことがポイントです。また、中野区と東中野駅のようにエリアの市区と関係する駅を連携させて双方をリンクし合うようにすると効果的なので、例えば各駅データに所属する都道府県と市区情報を持たせるとよいでしょう。また、駅に関しては技術的な注意事項が1つあります。多くのサイトで同じ駅でも路線ごとに、ページが分かれているケースを見かけますが、SEO的には分散するのでNGです。1ページにまとめられない場合にはレッスン54のcanonicalタグを使いましょう。

▶ エリアカテゴリの考え方　図表24-2

○ 良い例　駅を路線ごとに分けず1ページでまとめる

渋谷駅のページ
www.○○○.com/line/12345/

✕ 悪い例　同じ駅のページが路線ごとに複数存在する

山手線渋谷駅のページ
www.○○○.com/line/yamanote/12345/

半蔵門線渋谷駅のページ
www.○○○.com/line/hanzomon/12345/

②ハウツーワードもカバーする

不動産は高額商材なので、訪問者がいろいろ悩むことが多い分野です。契約にまつわる用語や引っ越し会社の手配の仕方など、ハウツーワードも多く検索されています。「敷金礼金とは」（49,500）などの契約に関する知識や、「引っ越し　挨拶品物」（2,400）などの引っ越しのマナーや手順といったコンテンツを掲載した特集ページやコラムのような解説ページを用意して対策しましょう。直接契約につながるページではありませんが、サイトの訪問者を増やし認知拡大に貢献します。

▶ 契約や引っ越しに関するコンテンツページで集客する　図表24-3

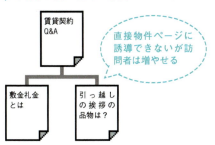

直接物件ページに誘導できないが訪問者は増やせる

契約につながらなくても賃貸マンションに関するコンテンツがあることでサイトの専門性やテーマ性が向上します。

③細やかなクロスカテゴリの設定が効果的

不動産はクロスカテゴリが必須です。訪問者の賃貸ニーズは意外とニッチで、「東中野駅　賃貸マンション　ペット可」など3語、4語での検索もたくさん見られます。条件には「ペット可賃貸」「デザイナーズマンション」などの数千の人気度のものから「角部屋」「南向き」「最上階」など細かい条件までいろいろあります。エリアごとにそれぞれの条件を絞り込めるページを用意するとよいでしょう。図表24-4のように、クロスカテゴリを用意して複合語での検索を対策しましょう。

今回用意したサンプルは「賃貸マンション」限定の情報サイトですが、全形態（マンション、アパート、戸建、駐車場、土地など）の物件を取り扱うサイトであれば、「駅カテゴリ（もしくはエリアカテゴリ）」「住居形態」「条件」の3つのカテゴリの組み合わせによる3軸のクロスカテゴリが必要になるケースもあります。3軸のクロスカテゴリは技術的にも難しく開発工数もかかるため、開発担当者と相談して設計を考えましょう。

▶ クロスカテゴリで複数語での検索を対策する　図表24-4

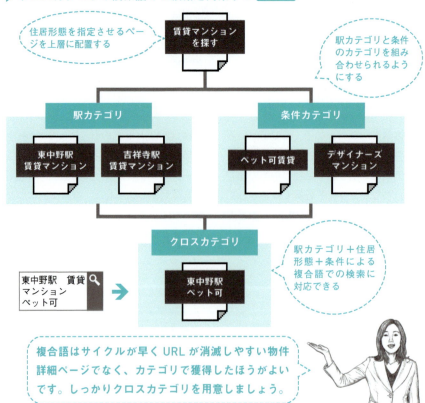

④物件情報にはオリジナル情報の付加が重要

不動産サイトの特徴として、1つの物件が多数の不動産サイトに掲載されているという点があります。つまり複製コンテンツであり、自分のサイトだけのオリジナル情報ではないのです。検索エンジンはそのサイト独自のオリジナル情報を好みます。訪問者にとっても先ほど見たサイトとまったく同じ物件情報が載っていればがっかりしてすぐに離脱してしまうかもしれません。そこで、なるべくそのサイト独自の情報を付加することが重要です。これは非常に難しいことですが、例えば大型マンションや話題の物件だけでも写真を増やしたり、独自取材に基づく情報を掲載したり、スタッフのおすすめコメントを掲載するなど、ユーザーにとって価値のある情報が付加できると検索エンジンの評価も高まります。

▶ オリジナル情報で検索エンジンの評価を上げる 図表24-5

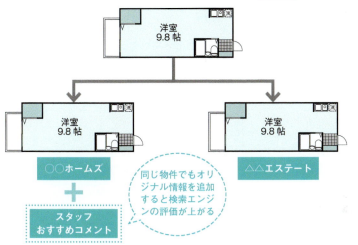

複製コンテンツに対応するため、オリジナルの説明文を生成するAIツールも登場しています。ユーザーに価値ある内容を提供できるならAI利用も検討の余地があるかもしれません。

👍 ワンポイント　求人サイトも同様のポイントに注目しよう

不動産サイトと求人サイトはSEOの観点では似ています。物件や求人が複製コンテンツになりやすいという特性や、エリアがあり条件や職種があり、それらのクロスカテゴリが重要になる点なども似ています。ユーザーの検索ニーズは全然違いますが、サイトの構造や注意する点は似通ってくるでしょう。

Lesson 25

[業種別サイトマップ＆キーワードマップ⑥]

旅行・宿泊施設サイトは
ニーズに幅広く応えよう

このレッスンのポイント

旅行や宿泊関連はエリアから宿のタイプ、有名スポットなどキーワードが非常に豊富な分野です。コロナ禍以降、インターネット予約がさらに定着してきましたので、検索エンジンとの親和性も高いです。しっかり対策しましょう。

◯ 旅行・宿泊施設サイトの場合

ここでは旅行や宿泊のポータルサイトを例に解説していきます。エリア、施設、有名スポット、旅行の目的など、豊富なキーワードが特徴です。

▶ 旅行・宿泊施設サイトのサイトマップ＆キーワードマップ例　図表25-1

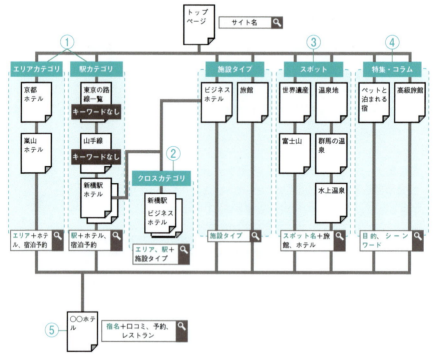

①エリアカテゴリが最優先事項

旅行は、まずエリアから検索されます。エリアカテゴリを何階層にするか、駅カテゴリを作るかは保持している宿数に応じて決めてください。例えば宿数がさほど多くなければエリアは「京都」→「洛西」の2階層などでも構いません。

▶ 保持する情報の数からカテゴリの階層を考える　図表25-2

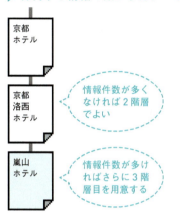

階層が少ないと一覧ページの情報量が多くなりすぎて訪問者の利便性を損ねてしまいます。中間のエリアは必ずしも検索はされていないのですが、分類のために作ります。

②施設タイプとのクロスカテゴリを用意する

施設タイプでは「ビジネスホテル」などの単体キーワードを対策します。またエリアや駅と施設タイプのクロスカテゴリを作って「新橋駅　ビジネスホテル」などの複合語も狙います。駅ページでは、エリアと言葉が重複しないよう「駅」を付けましょう。なお、クロスカテゴリのページは動的URLになっていることが多いですが、レッスン50を参考に疑似静的化して対策してください。

▶ 宿泊予約サイトのクロスカテゴリ　図表25-3

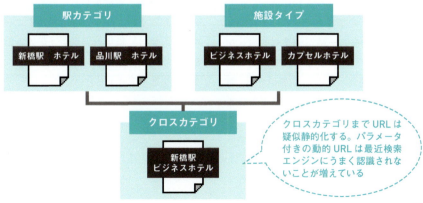

クロスカテゴリまでURLは疑似静的化する。パラメータ付きの動的URLは最近検索エンジンにうまく認識されないことが増えている

NEXT PAGE ➡

③有名スポットの対策も重要

スポットは世界遺産や自然景勝（湖、山）、神社、テーマパーク、そして国内の宿泊の場合には温泉のニーズが非常に大きいです。日帰りでは行けないようなスポットは「ホテル」などのキーワードを加えた宿泊ニーズが見られますのでカテゴリとして設けましょう。温泉は都道府県ページでは「群馬の温泉一覧」を紹介したり、主要な観光スポットを紹介してもよいですね。温泉ページでは「水上温泉の効能、泉質、歴史」などを解説したりするようなページを作るとよいでしょう。

▶ ランドマークや温泉の特集ページを用意する 図表25-4

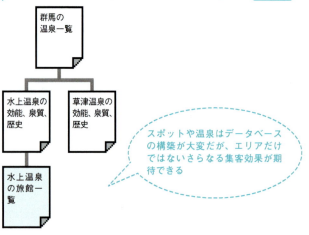

スポットや温泉はデータベースの構築が大変だが、エリアだけではないさらなる集客効果が期待できる

④訪問者の「目的」のキーワードで特集・コラム対策を

目的は旅行にとって重要です。「ペットと泊まれる宿」は月間平均検索ボリュームが7万以上検索される人気のキーワードです。あなたのサイトでキャッチコピーを「ワンちゃんと一緒に泊まれる宿」などとしていませんか？ ほかにも「デイユース」や「子連れホテル」、温泉地なら「源泉かけ流しの宿」「露天付客室」などいろいろなニーズがあります。ダイレクトに宿泊ではないですが「GW　旅行」「卒業旅行」「夏休み　家族旅行」なども人気キーワードです。これらの目的を表すニーズに対しては、特集ページや「夏休みの家族旅行にプロが選ぶ穴場の宿」など、コラム記事を用意するといいでしょう。

目的や利用シーンのキーワードはたくさんあります。解説しつつおすすめの宿やホテルを紹介すると予約にもつながりやすいでしょう。

⑤ホテルや旅館名は派生語を意識してページを構成する

各ホテルや旅館などの詳細ページでは、派生語の対策が重要です。例えば、「東京ドームホテル　レストラン」「アンバサダーホテル　予約」など、特定のホテル名や宿名は一緒に「口コミ」「レストラン」「予約」などの言葉が検索されています。旅館やホテルの公式サイトでも同様ですが、これらの言葉を意識してページを構成しましょう。

▶ ホテルや宿名は派生語も多い 図表25-5

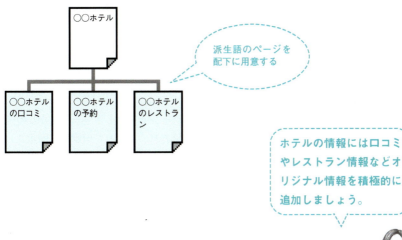

ホテルの情報には口コミやレストラン情報などオリジナル情報を積極的に追加しましょう。

👍 ワンポイント　宿泊施設の公式サイトは情報を充実させよう

このレッスンではポータルサイトや予約サイトを例に解説しましたが、宿泊施設の公式サイトはどのような構造にすればいいでしょうか。全国にチェーンがある場合はエリアカテゴリが必要ですが、地域限定の場合には必要ないでしょう。
トップページに「群馬県 四万温泉の宿」などエリアや温泉名、「ペットと泊まれる河口湖のペンション」など特徴となるキーワードをしっかり入れましょう。そして客室やレストラン（食事）、アクティビティなどの情報や、できれば宿泊者の口コミもホームページに掲載しましょう。③の有名スポットや④のコラムも有効です。ぜひキーワードツールでキーワードを調べてそこからページを作成してみてください。

Lesson 26 ［業種別サイトマップ＆キーワードマップ⑦］

B2Bサイトは扱う商材で様々な対策を考えよう

このレッスンのポイント

B2Bサイトは、これまで解説してきたサイトとは異なり、ビジネスモデルによって必要なキーワードやサイト構造がまったく異なります。ここではプリンターのメーカーサイトを例に、ポイントを説明していきます。

Chapter 3 業種別に最適なサイト構成を考えよう

○ B2Bサイトの場合

ここでは、企業向けプリンターのサイトを例に解説します。B2Bで共通しているのは、製品やサービスページを整備し、事例ページを用意してユーザーからの信頼を得たり、コラムを用意して周辺ニーズを獲得することです。

▶ B2Bサイトのサイトマップ＆キーワードマップ例　図表26-1

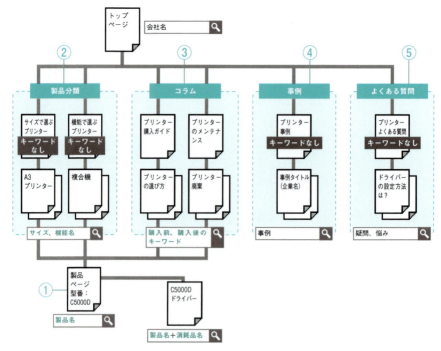

①訪問者の目的でサイトの構造を考える

企業向けのプリンター販売サイトでは、製品情報、サポート情報、ドライバー情報（プリンターの利用に必要なソフトウェア）という大きなカテゴリで、1つの製品の情報が3つのカテゴリに分散して配置されがちです。訪問者がプリンターを比較検討するときは主に製品情報しか見ませんからそれでいいのですが、1台のプリンターを購入した後は、「プリンター名　ドライバー」や「プリンター名　保守」などのように、製品名と合わせてサポート系のキーワードが検索されるのです。そのため、図表26-2 のように各製品情報のページの直下にドライバー情報やサポート情報が配置されているほうがよいのです。また、製品によっては事例も有効で、その場合は製品情報ページの下に配置するとよいでしょう。情報の種類だけで安易にカテゴリを考えると、訪問者の目的を満たしにくいサイトになってしまいます。

▶製品の関連情報は製品情報の下に配置する　図表26-2

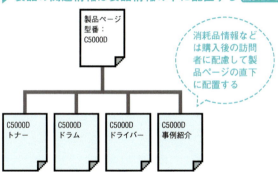

B2Bでは、まずサイトマップを作り、ユーザーの利用シーンなども考慮して、どのキーワードをどこで対策するか定義することがとても重要です。

②企業の立場で製品分類を考えない

企業の立場では、担当部署の構成などで、製品の分類として複合機（プリンターやスキャナ、FAXなど複数機能を持つ機器）かプリンターかが大きな分類になることが多いです。そういった企業側の事情で、複合機とプリンターをメインの分類軸にしてしまうと、製品のカテゴリの分け方が「複合機」(22,200)、「カラープリンター」(1,900)、「モノクロプリンター」(1,900)などになってしまい、特にプリンター関連のキーワードとしては人気がありません。そこで、「サイズで選ぶ」と「機能で選ぶ」を軸にしてみます。「A3プリンター」(5,400)、「A2プリンター」(880) などのサイズの軸と「複合機」(22,200)、「レーザープリンター」(22,200)、「カラーレーザープリンター」(3,600) などの機能の軸で切ることで、人気度が高いキーワードやキーワードの競争率が低く上位表示が狙えるキーワードを対策できます。

③宣伝目的ではない汎用的なコラムを用意する

プリンター購入ガイド、プリンターのメンテナンスの2軸は、それぞれ購入前の検討ニーズと購入後のサポートニーズをカバーするためのものです。購入ガイドのキーワード例としては「複合機とは」（4,400）、「複合機　リース」（40,500）など、メンテナンスのキーワード例としては、「プリンター　紙詰まり」（1,000）、「プリンター　印刷できない」（9,900）、「プリンター　廃棄」（2,400）などがあります。これらのコンテンツは自社製品についての宣伝ではなく、あくまで一般の訪問者がそれぞれ目的を持って検索して発見すべきコンテンツなので、他社製のプリンター情報も含めて汎用的に書く必要があります。

▶ 汎用性の高いコラムを用意する　図表26-3

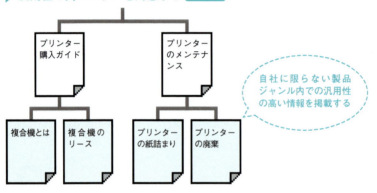

自社に限らない製品ジャンル内での汎用性の高い情報を掲載する

④事例を用意してユーザーのニーズと信頼を獲得する

ジャンルによっては製品名＋事例が検索されています。また、検索エンジンはそのテーマで信頼性の高いサイトや専門性の高いサイトを評価します。導入事例や成功事例を紹介して、ユーザーの求める専門情報を提供しましょう。それがニュースサイトや他社サイトに取り上げられて話題になったりリンクされることがあればSEOにも有利です。また訪れたユーザーの信頼感にもつながるでしょう。

自社が業界内のトップランナーであれば、きめ細かな情報提供をして、さらに権威あるサイトを目指しましょう。それらのコンテンツは E-E-A-T の担保につながります。

⑤よくある質問やフォーラムで幅広いキーワードを対策する

どのようなB2Bサイトでも「よくある質問」は用意したほうがよいでしょう。もし回答がある程度長くなる場合には、1つの質問と回答を1ページで構成し、実例を踏まえてユーザーの質問がしっかり解決するコンテンツを用意しましょう。回答をPDFで用意するのはあまりよくありません。手間でもWebページに掲載するとよいでしょう。自社で作成する場合には、カスタマーサポート部門から質問集をもらってもよいですし、Yahoo!知恵袋などのQ&Aコンテンツを参考にするのもおすすめです。ネット上にある掲示板やUGCなどは検索ニーズの宝庫です。難易度は高いですが、自社サイト内に自社関連の情報をやり取りできるフォーラム（ユーザー掲示板）を設置することも検討してみてください。うまく運営できればユーザーの質問や疑問が自然と集まり、様々なユーザーの回答とあいまって良質なコンテンツになるでしょう。

▶ よくある質問やフォーラムでの対策　図表26-4

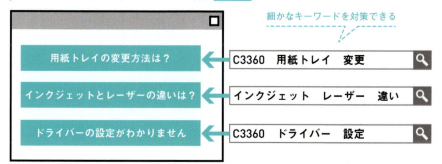

👍 ワンポイント　B2Bのコラムでリードを獲得するには

B2Bでもコラムやブログの作成が増えてきました。ただ読んで終わり、そこからなかなかリード獲得や成約につながらないという声も聞きます。検討期間の長い商材が多いB2Bでは、ユーザーと長期でコミュニケーションをとっていくことが重要です。記事からいきなり「お問い合わせ」につなげるのではなく、関連するホワイトペーパーや事例、セミナー等の情報に誘導してリード獲得を目指していくとよいでしょう。

🎤 質疑応答

Q アイテム名で検索したときに、商品カテゴリページがヒットしてほしいのに記事がヒットしてしまい、困っています。

A このようなお悩みは「キーワードの食い合い」「カニバリゼーション」と呼ばれるものですね。記事コンテンツを運営しているサイトでよく聞くお悩みです。

Googleは「クラスタリング」という制限を持っており、これは何かのワードで検索されたときに1つのドメインからは1つのURLしかヒットさせないというものです。1つのドメインが検索結果を占拠しない、多様性を保つための措置です。

サイト名やサービス名などはその限りではないのですが、一般的なキーワードではクラスタリングがかかってしまいます。

これによって、例えばサングラスという商品カテゴリがあり、記事にも「サングラスの選び方」がある場合、「サングラス」の検索では記事が上位に来てしまい、商品カテゴリがヒットしないということが起きてしまいます。運営側としてはよりコンバージョン率の高いカテゴリにヒットしてほしいのに…と思いますよね。そのドメインからどのURLを選ぶかは検索エンジン次第なのですが、カテゴリや商品とバッティングするワードで記事を作らない、記事がヒットする場合はカテゴリや商品へのリンクをしっかり置いて誘導してみましょう。

Chapter 3 業種別に最適なサイト構成を考えよう

Chapter 4

適切な内部対策でSEOの効果を高めよう

> サイトの設計はできましたか？ここからは実際にサイトを作成していきます。それぞれのページの構成や要素などサイトの内側の部分もSEOを意識して準備していきましょう。

Lesson 27 ［画面設計の基本］
スマホ時代の画面設計のポイントを理解しよう

このレッスンの ポイント

日本のインターネット利用者のほとんどがスマートフォンを利用しており、GoogleのWebサイトの評価もモバイルファーストになっています。このレッスンではスマートフォンの特徴とSEO要件について理解しましょう。

◉ 画面設計はスマホサイトをベースとする

現在多くのユーザーがスマートフォンからWebサイトを閲覧するようになり、レッスン7で解説したように、2023年現在ほとんどのサイトはGoogleのMFIに移行しています。以前はWebサイトの画面設計を行う場合、PCサイトから先に作り、それをスマホサイトに適用することが多かったのですが、スマートフォンユーザーが増え、Googleもスマートフォンページを評価する今、スマホ版ページをベースに設計することが非常に重要です。

◉ スマートフォンの画面の特徴を理解して設計する

スマートフォンの画面 図表27-1 はPCより小さいため、画面に表示できる要素やテキスト量は少なく、見せ方の工夫が必要です。また、スマートフォンはマウスではなく指で操作するため、タップやスワイプの操作がしやすいように画面内の要素の間隔やボタンサイズに注意します。さらにモバイル通信環境はPCほど良くなかったり、ユーザーが移動中や他のことをしながら操作することが多く気が散りやすいとも言われ、ページを速く快適に操作できることがPCより重要です。限られた画面幅の中で役立つ情報をいかに素早く、わかりやすく、使いやすく提供するか、まずそのための画面設計を行うことが非常に重要です。

ユーザーと同じ目線になりスマホ版で検索結果やサイトを見ることが大事です。99ページの方法でPCでもスマホサイトを見ることができて便利ですよ。

▶ **スマートフォンの画面の特徴はサイト制作に関わる** 図表27-1

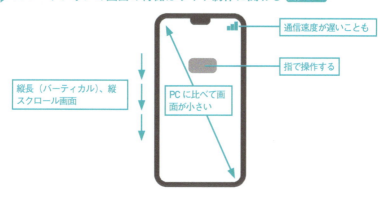

○ スマホサイトのSEOの6つの注意点

サイトの制作をする際に特に注意しておきたい共通のSEO要件を挙げます。

ポイント1:スマートフォンへの対応は必須

最適なスマホサイトを作成し、スマートフォンなどのモバイル端末に対応させることは大前提です。スマホサイトの作成方法には主に、「レスポンシブWebデザイン」「ダイナミックサービング（動的配信）」「セパレート（別々のURL）」の3種類があります。レッスン56ではそれぞれの方法や実装時の注意点を紹介しますので、ご自身のサイトに該当する要件をチェックしましょう。

ポイント2:モバイルユーザビリティをチェックする

スマートフォンの小さな画面でも見やすく、使いやすくするために、モバイルフレンドリーなページを作成する工夫が必要です。テキストのフォントが小さすぎないこと、タップ要素のサイズが十分であり、適切な間隔があってタップしやすいことを意識します。また、コンテンツの幅を決定するビューポートの設定など、いくつか技術的な工夫も必要なので、開発担当者とモバイルユーザビリティのための設定が行われるように相談しましょう。

ポイント3:重要なコンテンツはスマホサイトでも掲載する

PC版とスマホ版の画面を別に用意する場合に、PC版にあったコンテンツがスマホ版で割愛されていることがありますが、MFIに移行しているとGoogleが見るのはスマホサイトです。存在しないコンテンツは検索エンジンに評価されないため、重要なコンテンツは必ずスマホサイトでも表示させる必要があります。必ずしもすべてのコンテンツやリンクをデフォルトで表示する必要はなく、例えば 図表27-2 のようにボタンタップで展開するような見せ方を活用しても問題はありません。

▶ **スマホ版でのコンテンツ表示の工夫** 図表27-2

Googleヘルプで使用されているリンクをデフォルトで隠すアコーディオン型メニューの例

折りたたんでもよいですが、何でもたたむのはよくないです。重要な部分はやはり最初から表示し、量が多い場合に折りたたみを活用しましょう。

ポイント4：ナビゲーションとサイトの内部リンクの最適化

画面の小さいスマホサイトであっても内部リンクは非常に重要です。PC版と比較してスマホ版のほうがリンクが少なかったり、ナビゲーションがわかりにくいサイトを見かけますが、スマホサイトでもユーザーが探しているコンテンツを簡単に見つけられるように、使いやすいナビゲーション設計を行うことが大切です。

ポイント5：速さと操作性を意識する

サイトが速く快適に操作できることも評価対象です。ページが表示されるときの速度や、表示されるときにレイアウトがずれて広告が表示される、間違えてタップしてしまうなどの使いにくさをGoogleはスコア化し評価しているのです。技術が関係するので少し難しいですが、詳しくはレッスン57で解説します。

ポイント6：スマートフォン特有の見せ方に注意する

スマートフォンではPCとは違う特有の見え方がいろいろあります。例えば「ハンバーガーメニュー」「アコーディオンメニュー」「カルーセル」などです。このような機能は検索エンジンに基本的には認識されますが、注意も必要です。詳しくはこの章の各レッスンで解説します。

パソコンからスマートフォンページを見る方法

「スマホサイトが大事」と言いながら、パソコンからPC版ページを見ているサイト運営者がまだ多いように思います。スマホサイトはスマートフォン実機でなくても、パソコンから閲覧できます。一番簡単な方法はWebブラウザのデベロッパーツールを使うことでしょう。図表27-3はChromeブラウザの例です。

▶ デベロッパーツールでスマホサイトを表示する方法 図表27-3

Chromeのデベロッパーツールを開くには、ブラウザメニューの［その他のツール］-［デベロッパーツール］をクリック。Windowsは F12 キーか Ctrl + Shift + I キー、Macは ⌘ + option + I キーのショートカットキーでも可能

② 🔄 （ブラウザの再読み込みボタン）のクリックなどでページを再読み込みする

① シミュレートアイコンをクリックする

③ 必要な場合、偽装したいデバイスを選択

[Dimensions:]のリストから他のデバイスを選択したり、追加デバイスを編集したりできる

顧客となるユーザーはスマートフォンを利用しています。運営者もユーザーと同じ目線で、スマホのWebサイトをチェックしましょう。

Chapter 4 適切な内部対策でSEOの効果を高めよう

099

Lesson 28

[SEOを意識したWebサイトの全画面共通要素]

全画面に共通する必要なSEO要素をまず知ろう

このレッスンのポイント

このレッスンから様々な種類のページを作るときのSEOポイントについて解説していきます。まずはすべての画面に共通するポイントについて理解しましょう。Googleが重要視するのはどの部分でしょうか。

● 画面の構成や見出しの要素

ファーストビューに置く要素

ファーストビューとは、ページが表示された際にスクロールしないで最初に見える画面の部分です 図表28-1 。この部分をGoogleは重視します。そのページのテーマがわかる大見出しや重要なナビゲーション、メインコンテンツの冒頭部分がファーストビュー内に入っているとよいです。逆に、大きい画像1枚などコンテンツがほとんどないファーストビューや広告が多いファーストビューはユーザーの利便性が低く、検索エンジンにも低く評価されるリスクがあります。

▶ **ファーストビューの設計** 図表28-1

ファーストビューを考える際に、自社サイトのユーザーに最も多いスマートフォンの画面サイズを意識しよう

Chapter 4 適切な内部対策でSEOの効果を高めよう

100

見出しの設定

見出しとは各段落や各ブロックに表示されているラベルのようなものです。例えばグルメサイトにエリアから選ぶリンクが並んでいたら（東京、埼玉…）そのリンク群の上に「エリアから選ぶ」という見出しを置いたほうがわかりやすいですよね。見出しによって、ページのテーマが明確になる、ページ内のそれぞれの段落部分の内容がユーザーに一目でわかる、そして検索エンジンがページをより理解することに役立ちます。各見出しはわかりやすい言葉で表現し、h1、h2などのHTMLの見出しタグでマークアップします。以下に注意点をまとめます 図表28-2 。

▶ 見出しを設定する際のチェックポイント 図表28-2

1. h1タグはページ内に一度のみ使用するとわかりやすい
2. h2、h3、h4タグはページ内で複数回使用できる
3. 見出しタグの構造は一般的な HTML のルールを守る
4. すべての見出しにキーワードを配置せず、ページ上部の h1、h2タグへ優先的にキーワードを配置する
5. CSS で極端にフォントサイズを小さくしたり、色を薄くしない

⭕ リンクの張り方のポイントを理解する

わかりやすいリンクのアンカーテキストを作る

アンカーテキストとは、リンクが設定され、クリック（タップ）できるようになっているテキストの箇所です 図表28-3 。ユーザーがリンクを見て、遷移先ページに何があるか想像できるアンカーテキストの設定が望ましいです。

かつては、アンカーテキストへSEOで施策したいキーワードを詰め込むことも有効でしたが、いまは効きません。むしろ不自然なキーワードの多用としてページの評価が下げられるリスクもあります。アンカーテキストの文言は検索エンジンではなく、ユーザーがわかりやすい内容にしましょう。

▶ アンカーテキスト 図表28-3

| 和食 |
| 寿司 |
| 天ぷら |

正しい見出し構造とわかりやすいアンカーテキストは、スクリーンリーダー（画像読み上げソフト）を使う目の不自由なユーザーのサイト閲覧に役立つため、アクセシビリティ観点でもとても重要です。

メッシュ型リンクの構造が好ましい

検索エンジンは「トップダウン型」より「メッシュ型」というリンク構造を好みます 図表28-4 。メッシュ型リンク構造とは、各ページで上下の親子階層リンクと、横の姉妹階層へのリンクが設置されている状態です。内部リンクを適切に設定すると、検索エンジンにしっかりクロールされます。

メッシュ型リンクは、カテゴリの絞り込みや選び直し、階層の行き来が簡単にできるので、ユーザビリティ観点でも重要です。

▶ トップダウン型とメッシュ型リンク 図表28-4

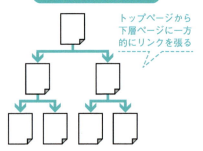

トップダウン型リンク
トップページから下層ページに一方的にリンクを張る

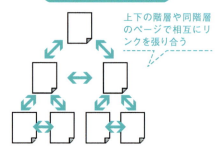

メッシュ型リンク
上下の階層や同階層のページで相互にリンクを張り合う

全ページに共通するナビゲーション要素

グローバルナビゲーション

グローバルナビゲーションは、通常ヘッダー（画面の最上部）に設置される、サイト内の主なコンテンツに遷移する共通メニューです。サイトのタイプによって適切な構成がありますが、SEO的なポイントは 図表28-5 です。次ページ 図表28-6 で、「湘南グルメ」のスマホ版サイトを例に、いくつかのポイントを解説します。

▶ グローバルナビゲーションのチェックポイント 図表28-5

1. グローバルナビゲーションは全ページで共通にする（必要であればログイン後ページは変えてもよい）
2. メニューを見て大まかなサイト構造がわかるようにする
3. ユーザーが少ないタップ数で目的のページへ遷移できることを意識する
4. リンクが多い場合は、グループ化してナビゲーション内の見出しを設けてもよい
5. リンクは、検索エンジンが確実にクロールできるaタグ形式で設置する
6. テキストリンクではなく画像リンクを使用する場合は、適切なalt属性を設定する

▶ ハンバーガーメニューを開いた時の例 図表28-6

ハンバーガーメニュー
ハンバーガーメニューの
アイコンをタップする
と、メニュー（グローバ
ルナビゲーション）が展
開される

メニュー見出し
リンクが多い場合はメ
ニュー内に見出しを使う
とわかりやすい

検索機能など
ユーザビリティ上ユー
ザーに見せたい検索機能
などの重要な導線は、隠
さずアイコンで表示

カテゴリ別メニュー
リンクが多い場合、デ
フォルトで最上層カテゴ
リを表示させ、カテゴリ
名のタップで下部のリン
クを展開させてもよい。
この例では、タップで
展開する箇所とタップで
ページが遷移する箇所が
見分けやすいようデザイ
ンされている

スクロール
この例では非表示リン
クの展開時、すべての
リンクは画面に収まら
ないが、上下にスクロー
ルすることで利用しや
すくなる

重要コンテンツへのリンク
重要な特集やユーザビリティ上
必要なリンクも表示させる

👍 ワンポイント　ハンバーガーメニューの利用

PC版サイトでは、サイト共通のグロー
バルナビゲーションを画面の最上部に
固定表示させるのが一般的でした。一
方、スマホサイトでは画面サイズの制
限が大きいため、通常は折りたたまれ
て隠れている「ハンバーガーメニュー」
タイプのグローバルナビゲーションが
よく使用されるようになっています。
基本的に三本線のボタン≣として表
示されており、タップすると展開する

メニューのことです。Googleは、PCサ
イトにおいては初期状態で表示されて
いない非表示コンテンツやリンクを低
く評価していましたが、スマホサイト
では、その操作性や画面サイズの制限
から一部のコンテンツを初めから非表
示にしていても問題はないと公表して
います。
そのため、SEO観点からも問題はなく、
有効なナビゲーションの1つです。

NEXT PAGE → 103

広告やポップアップでは低評価につながるリスクに注意

サイト内に広告を掲載すること自体はSEO的に問題ではありません。検索エンジンは、広告で収益を得ているサイトがあることももちろん理解しています。ただ、ユーザーがページを見ている際に、広告が邪魔をしないことが重要です。出現率の高い広告、スクロールしても追いかけてくる広告、閉じないとコンテンツの閲覧ができない広告などはユーザーエクスペリエンスに大きく影響するとされ、結果的にページの低評価につながるリスクが高いです。特にインタースティシャルやポップアップの活用については注意が必要です 図表28-7 。インタースティシャルとは、ページのメインコンテンツを隠し自動的に表示される全画面広告や通知画面です。Googleは検索結果からページに流入した際にユーザーの操作を邪魔するようなインタースティシャルやポップアップがあるページは評価を下げると公表しています。

▶ 悪質と判断されるインタースティシャルとポップアップのイメージ 図表28-7

Googleに悪質と評価されるため、ランディングページ（ユーザーが検索結果から着地するページ）で使用を避けるべきインタースティシャルとポップアップの2つの例

利用しても問題のないポップアップとインタースティシャル運用

逆に、以下のような通知はGoogleも許容していますので、必要に応じて使用してもかまいません。

① 法律に準拠するためのインタースティシャルやポップアップ（例：クッキー計測の同意や年齢確認を求めるもの）

② 一般公開されていないページのログイン画面（例：マイページや有料コンテンツのログイン画面）

③ 画面の幅を大きく占有せず、簡単に閉じることができるコンパクトなバナー

Lesson 29 ［トップページの画面構成］
トップページは重要なページのリンクを意識して構成しよう

このレッスンのポイント

ここからは湘南のグルメサイトを例に、主要ページの画面設計ポイントを解説します。トップページはWebサイトへの入口であり、様々な目的のユーザーが訪れるので、サイト内の重要なページへ遷移しやすくすることが大切です。

○ トップページは幅広い目的に応えられるようにする

トップページは様々な目的を持ったユーザーが流入します。湘南グルメサイトのトップページの場合、例えば「湘南グルメ」という検索ワードで流入するとします。「湘南グルメ」と調べるユーザーには様々なニーズがあることが想像できます 図表29-1 。具体的な行きたいエリアや食べたい料理のジャンルが大体決まっているユーザーもいれば、まだ何も決まっていないユーザーもいるでしょう。そのため、エリアと料理ジャンルでどんな選択肢があるか上部でわかりやすく見せ、求めるコンテンツにいち早く遷移できる導線を提供するとよいです。またトップページからリンクされているページは検索エンジンに高く評価されますので、人気のカテゴリや旬の特集、新着商品など重要なページへのリンクは必ず置くことをおすすめします。

▶ トップページは汎用的な検索キーワードからの流入が集まりがち 図表29-1

［訪問者の目的］　　　　　　　　　　　　　　［トップページ］

- 湘南の海沿いで行ける店を探したい
- 湘南エリアで人気焼肉店に行きたい
- 鎌倉観光で行けるお店を知りたい

→ 湘南　グルメ 🔍 →

ユーザーがトップページを見たときに、サイトにどんなサービスや商品があるのか大体想像できる構成がベストです。

Chapter 4　適切な内部対策でSEOの効果を高めよう

NEXT PAGE ➡　105

○ トップページの設計の重要ポイント

トップページの上部には、サイトのテーマがすぐにわかる大見出しとリード文を設置し、重要な導線をなるべくページ上部に置くよう工夫しましょう。「湘南グルメ」のようなメインキーワードを大見出しとリード文に含め、サイトのメインキーワードを対策します。一部の中見出しやページ内テキストにも自然な形でメインキーワードを含めるとよいです。

広告や補足的なコンテンツはユーザーエクスペリエンスを阻害しないために、なるべくページ下部に配置することが望ましいです。

▶ トップページの設計のポイント① 図表29-2

大見出しとリード文
サイトのメインキーワードを使った大見出しとサイトの概要文を最上部に

キービジュアル
重要なコンテンツを画面上部に設置したいため、キービジュアルはなるべくコンパクトにする

カテゴリのリンク
エリア、グルメジャンルなど重要なナビゲーションを上部に置く

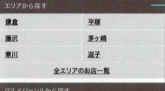

見出し
大見出しはh1、中見出しはh2、小見出しがあればh3などの適切な見出しタグでマークアップする

もっと見る
コンテンツの量が多い場合はたたんでもよい

トップページの構成はサイトによって異なります。自身のサイトの訪問者が検索するメインキーワードは何か、どんな目的で検索して訪れるか、どんなコンテンツがあれば満足度が上がるかなどユーザー目線で考えて設計しましょう。

▶ トップページの設計のポイント② 図表29-3

人気のコンテンツ
検索ボリュームが大きく強化したいページはトップページからリンクすると効果的。ただし過剰なリンク設置は避けて常に訪問者に役立つかどうかを意識する

カルーセル表示
横スクロールで見せる形式。基本的に問題なく認識される

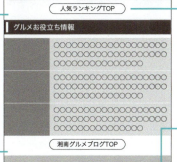

補足的なコンテンツ
コラムコーナーなど補足的なコンテンツへのリンクはメインコンテンツより下部に設置するとよい

提案コンテンツ
ランキングや新着などユーザーに役立つコンテンツを掲載するとよい

広告
広告は、ユーザーエクスペリエンスを阻害しないよう、なるべくページ下部に配置する

👍 ワンポイント　アコーディオンメニュー利用時の注意点

アコーディオンメニューとは、テキストやリンクの一部を初期状態では隠し、「＋」ボタンや「▼」ボタンをクリックして展開表示できるものです（右図）。SEO的には問題ありませんが実装に注意点があります。検索エンジンのクローラーはボタンをクリックできないため、ページ表示直後のHTMLを見ます。そのため、折りたたまれたコンテンツが確実に認識されるよう、「初期状態でたたんでいるコンテンツは必ずページロードの時点でHTML内に持つ」「ボタンクリックでの追加読み込みは避ける」よう開発担当者に伝えてください。

メニュー項目をタップすると、折りたたまれたメニューが展開されるアコーディオンメニュー

Lesson 30 ［カテゴリページの画面構成］

カテゴリページではナビゲーションを工夫しよう

このレッスンのポイント

カテゴリページとは、商品、サービス、記事などが並んでいる一覧形式のページです。ユーザーが探しやすく、また選び直せる、つまりナビゲーションの配置が重要です。引き続き湘南グルメマップの例で学んでいきましょう。

● カテゴリページの役割と重要性

カテゴリページは商品、サービス、記事や店舗など、詳細ページへのリンクが分類されて並ぶ一覧のページです。レッスン16で解説したように検索エンジンからの入り口となることが多く、とても重要です。例えば、湘南グルメの店舗を紹介するサイトの場合、エリアで分類した「鎌倉」や「七里ヶ浜駅」というカテゴリが存在し、またグルメで分類した「洋食」や「イタリアン」などのカテゴリ、「海が見える」や「駐車場あり」などこだわり条件のカテゴリもあるでしょう。さらにユーザーのニーズを考えると「鎌倉×洋食」「鎌倉×イタリアン」など、2つ以上のカテゴリを組み合わせた「クロスカテゴリ」のページも必要かもしれません。ユーザーのニーズに応じたカテゴリページを作れば作るほど集客につながるのです。

▶ カテゴリページの役割 図表30-1

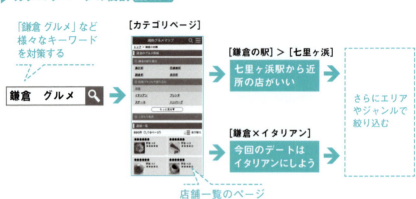

◯ カテゴリページはリンクの張り方が肝心

様々なカテゴリページができると構造は複雑になります。カテゴリの構造についてはレッスン17でも解説していますが、例えば 図表30-2 のような2階層構造の場合、第一階層（鎌倉）から第二階層（七里ヶ浜）への絞り込み、第二階層同士の横のリンク、さらに第二階層から第一階層へ戻るリンクなども必要になるのです。カテゴリ間のリンクを表示する位置もユーザビリティに影響するので重要です。一般的に、一覧の上部に下層カテゴリや絞り込みのリンクを設置し、一覧に欲しいものが見つからなかった場合に選び直しができるように、下部へ同列横階層のリンクや、1つ上の階層へ戻れるリンクを置くとよいでしょう。次ページ 図表30-3 を参考にしてください。

▶ カテゴリ階層とリンク 図表30-2

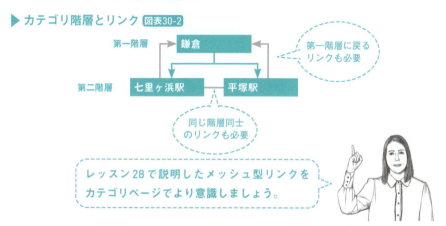

◯ 一覧に表示される内容や精度を充実させる

カテゴリページのメインコンテンツは商品、サービス、店舗等の一覧になります。検索エンジンに高く評価されるため、またユーザーに満足してもらうためにも、一覧の精度が非常に重要です。例えば、洋食カテゴリにインドカレーのお店が表示されていたらどうでしょうか？　探しにくくなりますし、テーマ性も薄れてしまいます。別の例ですが、ECサイトでよくあるのが一覧に表示されている商品のほとんどが在庫切れになっているケースです。写真の素材集サイトでは微妙な角度違いでほぼ同様な写真がたくさん並んでいて探しにくいという例もありました。また、並び順もユーザーの検索体験に影響するため、初期状態の並び順はなるべく関連性が高い商材や人気の商材にするとよいでしょう。ユーザーに離脱されず、検索エンジンにも高く評価されるためには、次ページ 図表30-3 の「店舗一覧」のような一覧部分の内容や精度、並び順が重要なのです。

▶ カテゴリページの設計のポイント 図表30-3

大見出し
「鎌倉 グルメ」など人気キーワードを含めて、わかりやすい見出しにする

絞り込むリンク
下層カテゴリ（該当エリアの駅）や絞り込み（料理ジャンルやこだわり）のリンクを一覧より上に置いて操作しやすくする

パンくずリスト
トップページ以外の全ページにパンくずナビゲーションを設置する

ナビゲーションパターン
カテゴリが少ない場合は①のように「全件表示」でよい。多い場合は②のように「一部表示＋もっと見る」か、③の「こだわり条件」のように折りたたむ

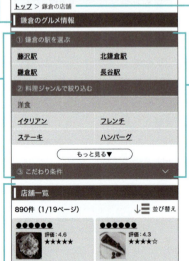

一覧
店舗一覧はこのページのメインコンテンツなので、ファーストビューに表示されるよう上部にある絞り込み要素はなるべくコンパクトに

選び直すリンク
ページ下部には同列横階層ページへのリンクを配置する

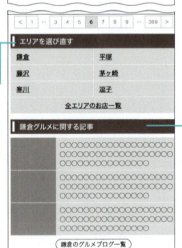

関連コンテンツ
このページに関連して役立ちそうなコンテンツを掲載。例えば同じエリアの鎌倉に関するグルメ記事や鎌倉特集など

ページネーションをしっかりインデックスさせる

一覧に多くの商材が並んでいる場合、2ページ目、3ページ目とページネーションを用意する必要が出てきます。このページネーションが検索エンジンにしっかりインデックスされることが重要です。

スマホサイトの普及とともに、このページネーションが無限スクロールや「もっと見る」ボタンによって、どんどん読み込まれる形式になっているサイトをよく見かけるようになりました。操作は便利でも、検索エンジンに認識されないので注意が必要です。詳しくはレッスン59を参照してください。

画面側でも工夫が必要です。ページ数が多い大規模サイトなどではクロール推進のために、最初と最後のページ、前後3ページ程のリンクを設置するとよいでしょう 図表30-4 。

▶ ページネーションのポイント 図表30-4

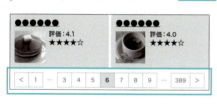

一覧が2ページ以上ある場合、下部にページネーションリンクを配置する。前後3ページ程へのリンク、最初と最後のページへのリンクを設置するとよい

2ページ目以降の差別化

ページネーションでは、ページの大見出しやタイトルが同じになってしまいがちですが、検索エンジンに1ページ目と重複したページと誤認識されないように、差別化を行いましょう。図表30-5 のように2ページ目以降の大見出しや、titleタグとmeta descriptionにも「(2ページ目)」などとページ番号を含めることで差別化できます。titleタグやmeta descriptionについてはレッスン33を参照してください。

また、2ページ目以降のパンくずリストは1ページ目配下になるような経路にするとよいでしょう。これらの差別化によって、1ページ目と重複扱いになることを防ぐことができます。

▶ 見出しとパンくずリストのポイント 図表30-5

2ページ目以降は大見出しに「(2ページ目)」などと追加する、またパンくずリストを1ページ目配下に構造化することで差別化を図るとよい

Lesson 31 ［詳細ページの画面構成］
詳細ページはコンテンツの独自性とユーザビリティを重視しよう

このレッスンのポイント

商品やサービスの詳細ページは、コンバージョンに最も近い場合が多いです。検索からの流入を獲得するにはコンテンツのオリジナル性を担保し、またアクションにつながりやすくするためにユーザビリティも意識しましょう。

詳細ページの役割と重要なポイント

詳細ページとは、サービス、商品、店舗などの詳細が載っているページであり、サイトの中で最も深い場所に位置します。購入やお問い合わせなどのコンバージョンポイントの直前にある場合が多いため、商品ページであれば訪れたユーザーをカート追加まで誘導する、その商品に満足できなかったユーザーには他の商品へ誘導して離脱させないなどユーザビリティも意識する必要があります。

また、詳細ページはロングテール（レッスン11参照）のスモールキーワードでユーザーが検索エンジンから訪れるページでもあります。例えば「夏 ドライフラワー 白」、「ハイカットスニーカー メンズ 黒」などです。そのため、商品やサービスの特徴や説明を充実させるとよいでしょう。その他、送料や返品ポリシー、お問い合わせページへの導線、購入機能をわかりやすく設け、安心してコンバージョンできるように配慮します。これらのわかりやすさや安心感はサイトの信頼性を高めることにつながり、E-E-A-T（レッスン8参照）の観点からも重要です。

▶ 詳細ページのチェックポイント 図表31-1

- 商品やサービス名、またその説明はオリジナルか
- 特徴が細かくわかりやすく掲載されているか
- お問い合わせや予約ボタンなどの必要な機能があるか
- 高品質な画像や場合によっては動画があるか
- 口コミやスタッフおすすめなど「経験」的なコンテンツがあるか
- 選び直せる類似商品や近隣店舗が掲載されているか

▶ 詳細ページ設計のポイント 図表31-2

大見出し
店名（または商品名やサービス名）はh1タグで設定する

上層へのリンク
エリアや駅、ジャンルなど所属するカテゴリへのリンク

ページ内リンク
ページ内該当箇所へのリンク（情報量によってはページ内でなく別ページに遷移させることもある）

CTA
お問い合わせ、予約などのCTA（Call to Action）ボタンをユーザーが見つけやすい位置に配置

オリジナルコンテンツ
データが共通の場合は独自の写真や口コミなどオリジナルコンテンツを検討する（114ページ参照）。口コミはE-E-A-Tの「経験」の観点からも重要

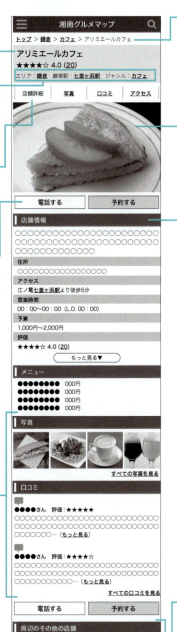

パンくずリスト
詳細ページが複数のカテゴリに属する場合は最も強化したい経路を出すとよい

写真
高画質の画像を使う。各画像の内容を適切に表すalt属性（レッスン35参照）を設定する

詳細本文
ユニークな説明文とユーザーが気になる店舗詳細を網羅的に記載

回遊させる関連リンク
周辺の店舗情報や鎌倉のカフェという一覧へのリンクを設置。回遊させて離脱を防ぐ（114ページ参照）

Chapter 4 適切な内部対策でSEOの効果を高めよう

NEXT PAGE → | 113

○ コンテンツの質とオリジナル性が最重要

詳細ページは説明文のテキスト、素材の画像や動画などのコンテンツがどれだけ豊富にあり、質が高く、ほかにないオリジナルなものであるかがポイントとなります。ユーザーが探している情報が網羅され、わかりやすく表示されていることが大前提です。

オリジナル性という観点では、型番商品や求人サイト、不動産サイト、そして今回のグルメサイトは注意が必要です。なぜならこれらの業種ではデータが共通になることが多いからです。例えばパソコンで、「CF-QV」のような型番商品であればサイズもスペックも機能もデータとしては同じになります。CF-QVを複数のネットショップが販売し、掲載されるデータが同じになってしまうのです。グルメにおいても店舗情報は住所、電話番号、営業時間など同じ内容になりますよね。そのため、これらの業種のサイトでは他サイトと重複しない、サイト独自のオリジナルコンテンツを持つことが重要です。例えば、オリジナルの説明文や高画質のオリジナル写真、ユーザーによる口コミやスタッフのおすすめコメントなど、他のサイトにないプラスαのコンテンツを用意することを検討します。スタッフが実際に商品を使ってみた、店舗に行ってみた感想やレビューなども、E-E-A-TのE（経験）に該当し、非常に有効な差別化要素になります。

○ 回遊させる関連リンクを配置する

コンバージョンの手前となる詳細ページには、満足しなかったユーザーのために回遊できるリンクを設けるとよいです（図表31-2 の「回遊させる関連リンク」）。例えば「類似商品」や「周辺のお店」という枠を用意して、関連性のある他の詳細ページに遷移できると便利です。さらにひも付くカテゴリページに戻って選び直しができるようなリンクもあるとよいです（サンプルのグルメサイトなら、鎌倉カテゴリやカフェカテゴリ）。そのような横へのリンク、上へのリンクが、レッスン28で紹介したメッシュ型の同列横と上階層へのリンクになるのです。

> 例えばファッションサイトの商品ページであれば、素材やお手入れ方法、サイズ感、コーデの写真、さらにスタッフの試着感などもあるとよいでしょう。ユーザーの目線で欲しい情報が網羅されているかチェックしましょう。

Lesson 32 ［記事ページの画面構成］
ユーザーの「知りたい」ニーズに応える記事ページを作ろう

このレッスンのポイント

商品やサービスの周辺ニーズを対策する記事ページ。様々な情報を用いて知りたいユーザーのニーズに応えつつ、そこからサイト内の関連コンテンツに回遊してもらう導線も重要となります。

○ 記事コンテンツの役割と重要なポイント

スマートフォン時代のユーザーは、いつでもどこでも気になる情報を隙間時間に検索します。現在、検索の半分以上は何かの情報を「知りたい」というニーズであると言われ（検索ニーズの分類はレッスン10参照）、そのニーズを満たすコンテンツが、新規ユーザーに自社のブランドや商品を知ってもらう接点になります。ユーザーの「知りたい」ニーズは記事などの読み物ページで対策します。そして記事ページはコンテンツの内容の質とE-E-A-Tの担保が最大の評価要素になります。コンテンツのE-E-A-Tについてはレッスン43で解説します。

▶ 記事ページの役割　図表32-1

NEXT PAGE ➡ 115

読みやすい記事にするための構成や見せ方

記事ページは、コンテンツの品質に加えて見せ方やページの構成も大事です。ファーストビューに記事のタイトル、記事の内容が伝わるサマリー文と目次を設置することで、検索から流入したユーザーがすぐにページの内容を理解できるようにします。また、図表32-3 の「目次」はページ内にアンカーリンクを付けて気になる箇所へクリックで遷移できるようにしましょう。

記事の上部には公開日もしくは更新日を配置し、いつ頃の情報かがわかるようにしておくことも重要です。この日付を構造化データ（レッスン34参照）でマークアップすると、検索結果に日付を出すことができて、クリック率向上につながります 図表32-2 。

記事本文は、中見出しや小見出しを活用して、記事の構成をわかりやすく表示し、また文章だけでなく画像や図版を用いて説明したり、色や太字を活用してメリハリを付けて読みやすくしましょう。

▶ 日付の表示 図表32-2

記事内に公開日を記載して、構造化データでマークアップすると、検索結果に日付が表示されやすい。特に最新情報を提供する記事ではこの日付がユーザーのクリックの決め手になり得る

離脱を防ぎ、回遊してもらうリンクを配置する

記事は、ユーザーが訪問しても、読んで満足し、そのまま離脱されやすいページです。なるべく読んで終わりではなくユーザーに記事をソーシャルメディアで共有してもらったり、他のページへ遷移してもらえる構成を心がけます。

まず、記事の上部と下部のわかりやすい位置にソーシャルメディアのシェアボタンを配置するのが最善です。また、記事中で自社の商品やサービスについて触れている場合は、それらのページへリンクを設置し誘導しましょう。例えば「鎌倉のかわいいカフェ」を紹介しているまとめ記事であれば、各カフェの店舗詳細ページへのリンクがあると便利です（図表32-3 の「サイト内関連リンク」）。ヒートマップデータを分析すると（ヒートマップについてはレッスン46参照）、記事は読了直後がよくクリックされています。その場所に関連記事や関連コラムカテゴリへのリンク、またサイト本体の関連カテゴリへのリンクを配置すると回遊性が上がるようです（118ページ 図表32-4 参照）。

▶記事ページ設計のポイント① 図表32-3

記事タイトル
記事タイトルをh1の大見出しタグで設定する

**日付や
ソーシャルボタン**
公開日付は、構造化データでマークアップ。拡散しやすいように、ソーシャルメディアのシェアボタンを設置しておく

記事内の見出し
記事内の見出しを適切な見出しタグ（h2やh3）でマークアップする

記事の中身が一目でわかり、ユーザーの興味を引く導入文があるとよい

目次
目次と該当見出しのアンカーリンクを設置する

記事コンテンツは、訪れたカフェの特徴や雰囲気を紹介、オリジナル写真なども掲載する

サイト内関連リンク
サイト内の関連するページへのリンクを設置すると回遊される。内部リンクも強化される

記事を最後まで読みたい人のため、無関係なリンクを文中に多数置くのはおすすめしません。本当にユーザーにとって有益だと思われるリンクのみ配置しましょう。

NEXT PAGE →

● 記事には、著者プロフィールも用意する

Googleは最近、記事を公開しているWebサイトと著者の専門性、経験、権威性と信頼を評価しています。レッスン8で解説したE-E-A-Tです。そのため、誰が記事を書いているのか、その著者がどれだけ専門的で、発信している情報の信頼性が高いかといったことを著者プロフィールに記載するとよいです。例えば著者が編集部の場合でも、その部署に属する方の経験や専門知識についてアピールしましょう。著者ごとの詳細なプロフィールページがあるとなおよいです。その場合でも各記事には 図表32-4 のような著者情報を必ず掲載し、「もっと見る」などで著者プロフィールページに遷移するようにしてください。

この著者情報、そして記事の内容は構造化データでマークアップし、検索エンジンに通知するとよいでしょう（レッスン34参照）。

▶ 記事ページ設計のポイント② 図表32-4

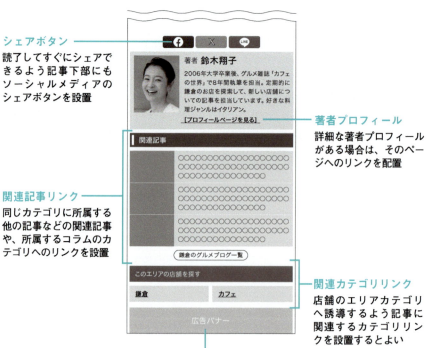

Lesson 33 ［検索結果の表示対応］

titleとmetaタグで検索結果の表示内容を最適化しよう

このレッスンのポイント

各ページの内容を表すtitleとmeta descriptionのタグは、検索結果に表示されるタイトルとスニペット（説明文）に対応する大事なタグです。最適化して検索結果のクリック率を上げましょう。

検索結果のタイトルとスニペットについて理解する

検索結果に表示されるサイトへのリンクの標準のフォーマットは 図表33-1 の通り、サイト名、URL、タイトルとスニペット（説明文）です。タイトルは、ページのtitleというタグやh1大見出し、また他の要素も参考にしてGoogleが自動生成します。スニペットは、meta descriptionというタグやページ内テキストをもとに生成されます。

タイトルとスニペットは検索結果に表示されるたくさんのサイトから選んでもらうための重要な要素であり、クリック率や流入数に大きく影響します。自身のサイトの強みや特徴をタイトルとスニペットでしっかり訴求するようにしましょう。

▶ 検索結果のタイトルとスニペットの例 図表33-1

以前SEO施策で活用されていたmeta keywordsを評価する検索エンジンは現在ほとんどなく、設定する必要はありません。

検索結果におけるタイトルとスニペットの最適化

検索結果に表示されるタイトルとスニペットはGoogleが自動生成するので、厳密にはコントロールできません。タイトルについてはtitleタグを最適化しておけば検索結果でそのまま使用される可能性が高いです。スニペットは、meta descriptionにページのキーワードを使ってわかりやすい適切な文字数の一文を入れておくとそのまま出ることが多いです。ただし、スニペットはユーザーが検索する言葉を含む一文が出る特性があり、必ずしもmeta descriptionから出るわけではなく、検索される言葉によって表示される文章がかなり変わります 図表33-2 。

▶ 検索される言葉によって表示されるスニペットが異なる 図表33-2

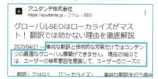

この例の場合、右図はmeta descriptionの一部が表示されたが、左図は違うところから表示

各ページの内容を表すユニークなtitleとmeta descriptionを設定する

ページ内容を簡潔に表すユニークなtitleとmeta descriptionを必ず設定しましょう。どのページも同じにするのはよくありません。大規模サイトでは手動生成することは現実的ではありませんので、テンプレートを使いつつ、ページ独自の値を動的に入れるよう開発担当者に相談してみてください。図表33-3 の{$}の部分が動的に変わる内容です。ページネーションもユニークにしたほうがいいので、「(2ページ目)」などページ番号がtitleやmeta descriptionに入るように設定しましょう。

▶ 鎌倉のエリアカテゴリの例 図表33-3

テンプレートの変数

```
title：{$ エリアカテゴリ名} のレストラン一覧 – 湘南グルメナビ
meta description： {$ エリアカテゴリ名} のレストランを {$ 件数} 店舗
紹介しています。{$ 駅名} や {$ 駅名} など人気の駅で絞り込んだり、レストラ
ンのアクセス情報や写真、口コミを確認できます。
```

実際の表示

```
title：鎌倉のレストラン一覧 – 湘南グルメナビ
meta description：鎌倉のレストランを 35 店舗紹介しています。鎌倉駅や大船
駅など人気の駅で絞り込んだり、レストランのアクセス情報や写真、口コミを確認
できます。
```

文字数を意識する

titleやmeta descriptionが長すぎると検索結果でGoogleに編集されたり、切られてしまいます 図表33-4 。特にスマートフォンの検索結果のスニペットは文字数制限が厳しいです。検索する言葉によって表示される文字数は若干違いますが、タイトルは全角35文字程度、スニペットは全角70〜80文字程度にするとよいでしょう。

▶ 長すぎるスニペットの例 図表33-4

meta descriptionに自社の強みを訴求する一文を入れる

meta descriptionの一文はページの内容を伝えるのはもちろん、ユーザーがクリックしたくなるような魅力的な内容にできるとよいです。例えば、グルメ情報サイトの場合は掲載中の店舗数の多さ、ECサイトでは送料無料、知名度が高いサイトではブランド名など、サイトやページの種類によっても訴求ポイントは異なります。もちろんユーザーを騙すような内容や誇大な表現は避けましょう。

人気キーワードを盛り込む

検索結果で見つけてもらいたい人気キーワードをtitleとmeta descriptionに盛り込むとよいです。titleではメインのキーワードを1語、1回使い、meta descriptionではメインキーワードや派生語を1〜2個程度自然な形で組み込むのが適当だと考えられます。逆に不自然なキーワードの詰め込みはマイナスの影響を与える可能性があるので、避けるべきです。

▶ 「キャットタワー」の検索結果でのタイトルとスニペット 図表33-5

良い例

悪い例

> ChatGPTなどのAIチャットボットは、titleとmeta descriptionの案出しや、ページが多い場合にはテンプレートごとにユニークな文章を作成をしてもらうことにも活用できます。最後は必ず人間がチェックして、文章に違和感がないか確認してください。

Lesson 34 ［リッチリザルトへの対応］
構造化データマークアップで多様な検索結果に対応しよう

このレッスンのポイント

前のレッスンで紹介したタイトルとスニペットの検索結果とは別に、様々な見せ方の検索結果があります。リッチリザルトと呼ばれる視覚的要素などを表示させる方法を解説します。

○ 検索結果に様々な情報が加わるリッチリザルト

レッスン6で少し紹介しましたが、検索結果にはシンプルなタイトルとスニペットのほかに、リッチリザルトという視覚的な要素が出ることがあります。例えばレビューの星の数、値段、レシピの情報などで、最近よく表示されるようになりました 図表34-1 。これらの要素は目立つのでクリック率も高いことが多く、リッチリザルトに対応することはとても重要です。リッチリザルトの種類はたくさんあり、Googleが自動的に算出して検索結果に表示する項目もありますが、「構造化データ」というマークアップによって出るようになるものもあります。

▶ リッチリザルトの例 図表34-1

「iPhone 14」の検索で表示される商品とレビューのリッチリザルト

「オムレツ レシピ」の検索で表示されるレシピとレビューのリッチリザルト

構造化データについて理解する

構造化データとは、ページのコンテンツについての情報を検索エンジンにわかりやすい形で提供するコードのことです。通常Webサイトを開発するときに、HTMLに追加します。検索エンジンがよりページやコンテンツの内容を理解するために、またリッチリザルトに表示させるためにも、構造化データでのマークアップは重要です。リッチリザルトのために実装できる構造化データの種類は現在30件以上もあります。Googleは以下のページで構造化データの種類と内容について公開していますので、自身のサイトに該当するものがあるか探してみてください。そして、自身のサイトに使えそうな項目を見つけたら、開発担当者にその項目に該当するGoogleのヘルプページを見てもらって、ヘルプ通りにコードのマークアップを行うよう依頼してみてください。

▶ Googleがサポートする構造化データ マークアップ | Google検索セントラル
https://developers.google.com/search/docs/appearance/structured-data/search-gallery?hl=ja

構造化データでマークアップしても、マークアップの完成度やマークアップしたページの品質によってはリッチリザルトが出ないこともあります。出ない場合にはマークアップにエラーがないか、ページの質に問題がないか確認しましょう。

構造化データを実装するときの注意点

構造化データを実装する際に、画面上でユーザーには見えない項目を構造化データのみでマークアップするとガイドライン違反となり、手動の対策（レッスン38を参照）によってサイトが検索結果から消えてしまうリスクもあります。ほかにも様々な注意点があるので、必ず以下のガイドラインや、各構造化データのヘルプページにある個別ガイドラインを確認しながら実装を進めましょう。

▶ Google検索結果の基本事項
https://developers.google.com/search/docs/essentials?hl=ja

▶ 構造化データに関する一般的なガイドライン
https://developers.google.com/search/docs/appearance/structured-data/sd-policies?hl=ja

構造化データマークアップ実装の流れ

構造化データのマークアップには開発が必要となりますので、開発担当者に相談して実装してもらいましょう。一般的な流れを紹介します。

STEP 1：検索ギャラリーで実装用ドキュメントを確認

前ページで紹介したGoogle検索セントラルの構造化データ一覧より、自社サイトで実装できそうな構造化データの種類を探して、そのヘルプを参照します。

STEP 2：マークアップとテスト

該当するヘルプをもとに、マークアップ用のコードを作成します。必須プロパティはすべて実装し、推奨プロパティもなるべく網羅します。作成したコードをGoogleが提供するリッチリザルトテストツール 図表34-2 で確認して、エラーや警告がないことを確認します。

▶ リッチリザルトテストツール 図表34-2

https://search.google.com/test/rich-results?hl=ja

パンくずリストのテスト結果の例。テストはURLかコードスニペットで実行できる

例えば公開前のテストサーバーで認証がかかっている場合でも、確認したいページのソースコードをテストできて便利です。

STEP 3：マークアップの公開

テストツールでエラーや警告がなければコードを本番公開します。

STEP 4：Search Consoleでのモニタリング

ページを公開してもリッチリザルトはすぐに表示されません。数日から数週間のタイムラグが発生します。リッチリザルトが検索結果に表示されるようになったか確認するために、またコードに新しくエラーが発生していないかモニタリングするためにも、Google Search Console（レッスン62参照）の「拡張」メニュー、もしくはEC関連の構造化データの場合は「ショッピング」メニューに表示される各リッチリザルトのレポートを確認します 図表34-3 。

構造化データに問題があると、このレポートに「無効」の結果、もしくは「検索での見え方を改善できるアイテム」が表示されるため、その項目の内容を確認し、マークアップを調整するとよいです。

▶ Search Consoleのリッチリザルトレポートの例：イベント 図表34-3

エラーや警告があれば内容を確認し、マークアップを調整する

Search Consoleに表示される項目をクリックすると、該当URLとマークアップされている項目の例を確認できます。

Lesson 35 ［画像と動画の最適化］
画像検索と動画検索に対応しよう

このレッスンの ポイント

GoogleにはWeb検索以外に**画像検索**や**動画検索のメニュー**があります。そしてユーザーの利用増に合わせて**Webの検索結果にも画像と動画が表示される**ことが増えています。**画像検索と動画検索の対策**の基本を押さえましょう。

○ 多様で視覚的な検索結果の表示が増えている

レッスン34で解説したように年々検索結果に表示される要素が増えています。特に画像や動画などの視覚的な要素はスマートフォンの検索増とともに増えており、実際YouTubeやTiktok、PinterestやInstagramなどをGoogleの検索結果でよく見かけるようになりました。

例えばファッション関連の検索結果には画像が表示されることが多く、レシピやハウツー系の検索では動画が表示されることが増えています 図表35-1 。

また、GoogleにはWeb検索以外にも画像検索と動画検索のタブがあり、こちらもテーマによってはユーザーによく利用されて、サイトへの流入につながる場合があります 図表35-2 。

▶ **画像や動画が表示されるGoogleの検索結果** 図表35-1

「秋コーデ」の検索に表示される画像の結果

「オムレツ」の検索に表示される動画の結果

▶ 画像検索と動画検索への切り替え 図表35-2

図は画像検索の表示。Google検索では、キーワード検索結果の画面で「画像」「動画」などのリンクをクリックすれば、それぞれの検索結果画面に切り替えできる

画像検索の対応

画像検索結果に対応するための主なポイントは以下になります。

▶ 画像検索に対応するためのチェックポイント 図表35-3

- 画像がユニークでオリジナルであること
- 画像の内容を表す適切な alt 属性があること（次ページを参照）
- 画像のファイルが Google に認識できるフォーマットであること
- 画像が高画質でありつつページの表示速度に悪影響を与えないこと
- 画像のキャプションがある、もしくは関連性が高いテキスト内に埋め込まれていること
- 画像が設置されているページの品質が高いこと

▶ Google 画像検索 SEO ベストプラクティス
https://developers.google.com/search/docs/appearance/google-images?hl=ja

画像が特に重要なサイトでは構造化データマークアップ（レッスン 34 参照）や画像用サイトマップ（レッスン 55 参照）を利用するとなおよいです。

○ alt属性の最適化

ポイントの中でもalt属性は最も重要なので解説します。ここは担当者の方でもすぐに最適化できる部分です。画像の内容はスクリーンリーダー（画面に表示される内容を読み上げるソフト）を使用する目の不自由な方はもちろん、検索エンジンも認識できません。そのため認識してほしい画像に対しては「alt属性」というimgタグの属性を使って画像の内容を表す代替テキストを設定します。alt属性の文言は画像の内容を正確に表す簡潔でわかりやすい言葉にし、文章形式の文言は避けたほうがよいでしょう。

▶ alt属性の例　図表35-4

良い例

あじさいのドライフラワー

悪い例（長すぎる）

先日購入したあじさいが枯れた後に10日間干してドライフラワーにしました

悪い例（汎用的すぎる）

ドライフラワー

▶ alt属性の記述例　図表35-5

```
<img src="https://ayudante.jp/wp-content/themes/ayudante/assets/img/logo.png" alt=" アユダンテ株式会社のロゴ ">
```

すべての画像を見直すのは大変です。トップページの重要な画像、記事の図版やイラスト画像、商品のメイン画像など検索で表示させたいもの、また目が不自由でスクリーンリーダーを使っている方がページをスムーズに使えるために必要なものから見直すとよいでしょう。

○ 動画検索の対応

動画検索に対応するための主なポイントは以下になります。この対応は動画を自身のサイトに置いている場合が対象です。YouTubeにアップロードしている動画を自身のページに埋め込んでいる場合も対象となります。
YouTube動画自体のSEO対策についてはレッスン41で解説します。

▶ 動画検索へ対応するためのチェックポイント 図表35-6

- 動画をユーザーと検索エンジンがアクセスできる公開されたページに設置する
- Google が認識できる HTML タグを使用する
- 高画質なサムネイル画像を用意する
- 動画サイトマップや構造化データマークアップの活用も推奨されている

プレビューの管理や「主な出来事」の利用

基本対策のほかにも、動画のプレビューを管理したり、動画セグメント間を移動できる「主な出来事」などの特別な機能を有効にすることができます 図表35-7 。

これらの動画の対応は細かい技術要件があるため、Googleのドキュメントを参考にして開発担当者と相談してみてください。

▶「主な出来事」が反映された場合の検索結果 図表35-7

▶ 動画の SEO ベスト プラクティス

https://developers.google.com/search/docs/appearance/video?hl=ja

画像検索や動画検索からどのくらい流入があるか、どんなキーワードで検索されて訪れているかなどは Search Console の「検索パフォーマンス」レポートで確認できます。詳しくはレッスン 64 を見てください。

質疑応答

Q 画面を設計するときに重要なポイントは何でしょうか？

A ひと昔前は、h1にキーワードを入れる、ソースコードを軽くするなどのHTMLタグの手法が有効でしたが、いまは変化しています。基本的なタグの最適化も重要ですが、良い検索体験ができる利便性の高い画面設計に注視しましょう。Googleなどの検索エンジンは、ユーザーが良い検索体験ができることを重視しています。

良い検索体験とは、検索エンジンで検索してページを訪れ、探しているものがいち早く見つかる、ない場合は他のページへ簡単に遷移可能、買い物などがスムーズにできるといったことを意味します。逆に、もし訪れたページに期待していた情報がなかった、商品の在庫が切れていた、使いにくい、表示が遅いなどの課題があれば、ユーザーは離脱して別のサイトへ行ってしまうでしょう。検索エンジンは様々なデータを用いてユーザーの行動を評価していると考えられます。ユーザーの検索体験を向上させるためには、画面をはじめとする内部対策をしっかりと行い、商品やサービス、記事などのコンテンツの質はもちろん、使いやすく、速く快適に操作できる画面作りをすることが重要です。

Chapter 5

質の高いサイト外施策でWebサイトの価値を高めよう

ここまでは、サイトの内部でどう対策するかを考えてきましたが、サイト外の施策によって評価を高めることも可能です。質の高い外部施策を紹介します。

Lesson 36 ［外部施策とは］
外部施策の基本を理解しよう

このレッスンのポイント

検索エンジンは、4章で学んだサイト内部の最適化のほか、そのサイトの外部の状況も評価します。これはE-E-A-Tの向上にもつながります。このレッスンでは外部でサイトをアピールする外部施策の基本とやるべきことを紹介します。

○ サイトの評価を高めるための外部施策

外部施策は、他のサイトなど外からリンクをもらう「被リンク」、SNSで話題になったり、露出が増えてサイト名の検索や言及が増える「サイテーション」などによって、サイトの評価を高めるものです。現在の外部施策は、様々な活動を通して「サイトの評判や認知度を上げていく」ことと言えます。

○ 外部からの被リンクは良質なリンクを獲得すること

サイトの外部からの評価を表す指標の1つ、被リンクは、外部から張られるリンクのことで、インバウンドリンクとも言います。他サイトから紹介される（＝外部リンクが集まる）サイトは良いサイトであるという考え方が基本になっています。SEOの歴史では被リンクが非常に強くランキングに影響していた時代があり、一時は被リンクを売るSEO業者が多数存在していました。検索結果の質が落ち、Googleは不自然な外部リンクに対策を行ったので、現在はほぼ効果はありません。ただし、自然に増えていく良質なリンクは現在も検索エンジンの評価に強く影響しますので、リンク獲得につながる活用は重要です。例えばユーザーが興味を持ち拡散しそうなコンテンツを用意する、取引先とコラボしてリンクを設置する、外部メディアで役立つ情報を発信するなど、できる範囲でやってみましょう。

> 不自然な被リンクは検索エンジンに評価されないばかりか悪影響が出るリスクもあります。有料リンクの購入は絶対にやめましょう。

Chapter 5 質の高いサイト外部施策でWebサイトの価値を高めよう

132

良質な外部リンクのポイントを知る

リンク元のサイトとページが良質である

リンク元のサイトがスパムサイト、内容が極端に少ない個人ブログ、その他、ユーザーに役に立たない低品質サイトだと被リンク効果が見込めません。

リンク元とリンク先ページの関連性が高い

リンク元のページがリンク先ページのテーマと関連性が高いほうが被リンクの評価が上がります。湘南グルメのサイトであれば、同じ地域の観光サイトなど関連性が高く、そのコンテンツを見ているユーザーに役立ちそうなリンクとして設置してもらうと効果的です。

▶ 関連性の高いリンク 図表36-1

「湘南観光」サイトで紹介してもらう例

リンク元サイトの権威性が高い

同業界で有名なサイトや、誰でも知っていて信頼されているサイトなど、リンク元のサイトの権威性が高いと、被リンク評価も高くなります。

リンク以外の外部からのシグナル

SEOに関わる外部要因は、ほかにもサイテーションやインターネット上での評判など様々あります。良い意味で話題になればE-E-A-Tが担保され、検索エンジン評価の向上にもつながります。特に新規サイトでは 図表36-2 のような活動が効果的です。

▶ 効果的な外部施策の例 図表36-2

- 所属する関連団体のサイトにリンクを張って紹介してもらう
- 保有する姉妹サイトとリンクを張る
- 取引先とタイアップして相互リンクを張る
- 関連業種のメディアやニュースの取材を積極的に受けて記事からサイトへのリンクをもらう
- 役立つツール、機能や情報を提供し（例：保険料簡単計算ツール、独自のデータを元にした分析）、自然とリンクが集まるようにする
- ソーシャルメディアを活用してサイテーション（言及）を増やす
- YouTube や TikTok など外部サービスを利用して露出を高める
- 広告を出稿して認知度やサイト名での指名検索を増やす

Lesson 37　[Googleのポリシー違反について]

外部リンクの違反行為に気を付けよう

このレッスンのポイント

リンク獲得について誤ったやり方をすると、悪意がなくてもGoogleのポリシー違反とみなされることがあります。効果がないどころか、サイトに悪影響を及ぼすリスクもあるため、気を付けるべきポイントをしっかり確認しましょう。

○ Googleのスパムポリシー違反とは

検索順位を操作することを目的としたリンクの設置はGoogleのリンクスパムポリシー違反となり、サイトに悪影響を及ぼすことがあります。

ひと昔前は、ポリシーに違反してペナルティを課せられる例が多数起こりましたが、現在は、Webサイト運用者が意図しない不自然なリンクがある程度は発生すること、また競合がリンクスパムで攻撃をする場合もあることをGoogleも理解しています。そのため、ペナルティではなく、不自然なリンクは評価の対象としないことが多くなりました。そのため現在、お金でリンクを買っても全く効果は見込めません。

もしもリンクスパムポリシー違反が複数パターンで発生したり、Webサイト運用者の悪意と判断される悪質なケースでは「手動による対策」というものが発生し、順位が大幅に下げられ、Googleの検索結果にサイトが出てこなくなる場合もあります。「手動による対策」についてはレッスン38で説明します。

▶ 手動による対策を受けるリンクの例　図表37-1

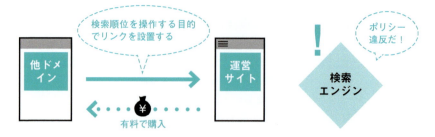

● 手動による対策を受けないためにリンクに情報を入れる

順位を上げるためだけの不自然なリンク対策、例えばリンクを購入する、掲示板に自社サイトリンクを大量投稿する、ゲストブログへ記事投稿するなどの行動は行わないように注意しましょう。そして、広告やサービス・商品のプロモーションを目的としたタイアップ記事、アフィリエイト記事、プレスリリースなどは、「SEO効果を目的としていない」ことをリンクの中にrel属性として含める必要があります 図表37-2 。

また、リンクの文言（アンカーテキスト）はキーワードの完全一致の多用は避けましょう 図表37-3 。キーワードのみのリンクは悪意がなくてもSEO目的として悪影響を受ける可能性があります。

▶ リンクに付与するrel属性　図表37-2

rel="sponsored"	広告やアフィリエイトリンク、またタイアップ記事などで商品・サービスを提供する代わりにリンクしてもらう場合は、「有料リンク」であることを表す「sponsored」のrel属性でマークアップする
rel="ugc"	掲示板の投稿やコメントなどから設置されるリンクには「ugc」のrel属性を設定する。多くの掲示板サイトでは自動的にこの属性、もしくは次のnofollow属性が付与されるが、付与されないサイトへ自社サイトのリンクを投稿する際は、内容にマッチしており、かつ本当にユーザーに役立つリンクであるか確認しよう
rel="nofollow"	リンク先をクロールしない、リンク評価を渡さない指示であり、有料リンクやユーザーによって生成されたリンクではないが、例えばプレスリリースやサービス提供の対価として設置してもらうリンク、多くのサイトに転載されるウィジェットからのリンクなど、ポリシー違反に該当する可能性があるものに活用できるrel属性

検索エンジンに影響を与えないリンクの記入例

```
<a href="http://www.example.com/" rel="nofollow">example</a>
```

＜rel="nofollow"＞属性を＜a＞タグに追加する

rel=の"nofollow"の部分をケースに応じて"sponsored"や"ugc"にする

▶ リンクの文言でキーワード完全一致を避ける　図表37-3

悪い例　いつも利用する 転職 サイトは xx です。

リンクのアンカーテキストにキーワードやそのバリエーションとなる言葉が入っていても、一部であれば問題はありません。キーワードのみのアンカーテキストが大量に発生することだけは避けましょう。

● ポリシー違反になる行為を把握する

リンクスパムと判断される可能性があり、避けるべき例を 図表37-4 にまとめました。外的リンクは、他部署が間違って行っているケースもあります。Search Consoleで定期的に被リンクをモニタリングして、ポリシー違反になっているものがないか確認すると安心です。

▶ 悪質なリンクと判断される例 図表37-4

- 順位を上げる目的で購入された有料のリンク
- 外部から大量のリンクを得るための自動リンク生成ソフトやサービスの使用
- 様々なサイトのフッターリンク、テンプレートや埋め込みウィジェット等に含まれる非表示や低品質のリンク
- アンカーテキストにキーワードのみ含めるような不自然なリンク
- 掲示板などのコメントや投稿に含まれる作為的なリンク
- 質の低いディレクトリやブックマークサイトからのリンク
- 商品やサービスをブロガーやインフルエンサーなどに提供し、代わりに設置してもらうリンクに適切な rel 属性を持たないリンク（ 図表37-2 の「リンクに付与する rel 属性」）
- 有料のタイアップ記事やアフィリエイト記事などから設置された適切な rel 属性を持たないリンク
- ゲストブログ記事やプレスリリースで適切な rel 属性を持たないリンク

👍 ワンポイント　アウトバウンドのリンク設置にも注意しましょう

インバウンドリンクは外部から張ってもらうリンクです。もう1つ、アウトバウンドリンクという、内部に外部リンクを張るものもあります。Googleのリンクスパム対策は自社サイトからのアウトバウンドリンクにも同じく適用されます。自社サイトに怪しいリンクを設置しないように注意しましょう。例えば純広告、アフィリエイト記事、有料のタイアップ記事やサービス提供の対価として設置しなければならない関連性が低いリンクなどに対してはこのレッスンで解説したsponsoredやnofollowのrel属性を付与しましょう。また、ユーザーが投稿できるコメント、レビューなどのコンテンツがある場合、そのコンテンツ内のリンクには自動的にugcのrel属性が付与されるように開発担当者に対応してもらいましょう。一方で、記事コンテンツなどから紹介する役立つ外部サイトへのリンクは問題にはなりませんので、rel属性は付与しないようにしましょう。

Lesson **38** ［Googleの手動による対策について］
手動による対策を受けた場合の対応方法を知ろう

このレッスンのポイント

リンクスパムのポリシー違反など、Googleの禁止事項に反すると「手動による対策」を受け、流入が大きく減少したり、検索しても表示されなくなることがあります。その場合は一刻も早く対処しましょう。

◯ 手動による対策の確認方法

手動による対策はGoogleのスタッフがサイトを目視でチェックしてスパムにあたると判定したときに発生します。リンクスパムで起こることが多いです。手動による対策が発生した場合、レッスン62で紹介するGoogle Search Consoleにアラートが届きます。手動による対策があるかどうかはいつでもSearch Consoleの左メニューの［セキュリティと手動による対策］

→［手動による対策］から確認できます 図表38-1。
手動による対策が発生すると、サイトへの流入が大きく減少する場合が多いため、迅速に対処しましょう。まず手動による対策の原因を把握し、必要な修正を行い、再審査をリクエストして、Googleの対応を待ちます。

▶ 手動による対策がないか確認する方法 図表38-1

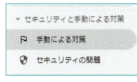 

Search Consoleで、左メニューの［セキュリティと手動による対策］→［手動による対策］をクリックして「手動による対策」レポートを確認できる

「手動による対策」になる原因はリンクスパム以外のものもあります。他のよくある原因については140ページのワンポイントを参照してください。

NEXT PAGE → | 137

手動による対策の再審査手順

再審査リクエストまでにやるべき対処法を説明します。

原因の把握

まずは発生した原因を特定する必要があります。Search Consoleの「手動による対策レポート」にある説明パネルを展開し、原因になった問題の詳細と対象ページを確認します。リンクスパムが原因で手動による対策を受けた場合、検出された問題が「サイトへの不自然なリンク」として表示されます。

不自然なリンクの洗い出し

手動による対策の対象となった不自然な被リンクの詳細は通知されないため、Search Consoleの「リンク」レポートにある「上位のリンク元サイト」レポートをエクスポートし、怪しいリンク元ドメインを洗い出します 図表38-2。

▶ Search Consoleの「リンク」レポート 図表38-2

リンク元を調査するツールは Search Console 以外にも、Ahrefs や Semrush などのツールがあります。自社で契約していれば、より詳細なリンク元情報がわかるので利用をおすすめします。

不自然な被リンクの削除もしくは修正依頼

お金を払って購入した有料リンクや覚えのない不自然なリンクで削除すべきと判断したものはリンク元のサイト運用者にリンク削除の依頼をしましょう。アフィリエイト記事やタイアップ記事、プレスリリースなど、rel属性の設定が必要なのに設定が漏れている場合は、リンク元のサイト運用者に適切なrel属性を設定するように依頼するとよいでしょう。

削除できない有料リンクは否認ツールを活用

削除依頼や修正依頼をしてもなかなか対応してもらえないのが現実です。その場合はGoogleが提供する否認ツールを活用して、リンクを否認します 図表38-3 。ただし否認する際には注意が必要です。不自然なリンクと自然なリンクを見分けるのはプロでも簡単ではありません。うっかり自然なリンクも否認してしまうと、効果を得ていた被リンク評価を失ってしまう可能性もあります。本当に怪しいリンクや不自然なリンク、購入したとわかっているリンクを否認申請しましょう。

▶否認ツールの使い方 図表38-3

▶否認ツール
https://search.google.com/search-console/disavow-links

▶サイトへのリンクを否認する
https://support.google.com/webmasters/answer/2648487?hl=ja

再審査リクエスト

問題のあるリンクのすべての修正が終わったら、Search Consoleの手動による対策の「審査をリクエスト」より再審査リクエストを行います。Googleスタッフの目視チェックが入るため、再審査リクエストする際には、必ず修正した内容を記載します。具体的に、どんな問題が発生していたか、問題を修正するためにどんなことを行ったか、その施策の結果もあわせて具体的に、かつ簡潔に記載します。

再審査は数週間かかる場合があり、進捗状況はSearch Consoleに登録されているメールアドレスに届きます。

再審査リクエストは必ずしも通るとは限らず、解決できなかった場合は再度リンクの精査、削除、修正、否認を行って2〜3回再審査リクエストを行うと受け入れられる場合もあります。そして再審査リクエストが通ったとしても、順位と流入はすぐに戻るのではなく、数カ月かかる場合もありますので待ちましょう。

Googleのポリシー違反があまりにも多い場合や悪質な場合はドメインごとマイナス評価を受けます。その場合には新しいドメインにせざるを得ません。いまある流入を失ってゼロからのスタートになるのです。ちょっとしたリンクの購入が大変な結果を生むことを肝に銘じましょう。

ワンポイント　Googleのスパムポリシーを把握しましょう

リンクスパムのほかにも、Googleのスパムポリシー違反行為が原因で手動による対策を受ける場合があります。例えば、価値のない低品質のスパムコンテンツがサイトに大量にある、レッスン34で紹介した構造化データマークアップのガイドライン違反、他サイトからコンテンツを無断複製する著作権侵害（レッスン43参照）、SEOを目的としたキーワードの乱用や隠しテキスト、Googleとユーザーに異なるコンテンツを出し分けて表示する行為（クローキング）なども手動による対策の対象になります。Googleのスパムポリシーを確認し、うっかり違反行為をしないように注意しましょう。

Lesson 39 ［ソーシャルメディアの効果］
ソーシャルメディアとSEOの関係を知ろう

このレッスンのポイント

ソーシャルメディアからのリンクの多くは直接SEOへの効果は期待できません。ただしサイトへの間接的な効果はあり、またSEO対策ではカバーできない潜在層へのアプローチができるので重要です。

ソーシャルメディアごとの特徴

ソーシャルメディア（SNS）とは登録したユーザー同士がコミュニケーションをとれる場所のことです。本来ユーザー同士のコミュニケーションの場として利用が広がってきましたが、企業がユーザーと接点を持ち、Webマーケティングに活用できる場としての機能もあります。図表39-1に日本で展開されている主なソーシャルメディアをまとめます。本章では、これらのSNSの基礎知識をもとに解説していきます。

▶人気ソーシャルメディアのユーザー数 図表39-1

SNS	国内月間アクティブユーザー	ユーザー層	特徴
LINE	9,500万人	全世代が利用、幅広い	インフラ化したメッセージツール／プッシュ通知を使った情報発信／LINE APIを使った自社サービス連携
YouTube	7,000万人	年齢性別問わず幅広い	動画中心のため、長尺動画も伸びやすい／コロナ禍で40代以上の利用増／SEOに強い
X（旧Twitter）	4,500万人	20代が多い、平均年齢は36歳	リアルタイム性と情報拡散力／興味関心でつながる／短文のコミュニケーション
Instagram	3,300万人	10代と20代で半数を占める	雑誌感覚、ビジュアル訴求／フィードとストーリーズの使い分け／日本はハッシュタグからの流入が多い
Facebook	2,600万人	登録者数は20代と30代が多い	実名性が高くリアルなつながりを反映／ビジネスシーンでの活用／コンテンツの自由度が高い
TikTok	950万人	10代と20代で半数以上を占める	さくっと見られる短尺動画中心／豊富な動画編集機能

出典：We Love Social「【2023年10月版】人気SNSのユーザー数まとめ」(https://www.comnico.jp/we-love-social/sns-users)

ソーシャルメディアとSEO効果

ソーシャルメディアの活用でSEO的に気になるのはリンクです。例えばX（旧Twitter）で投稿された中にリンクが含まれていたらそれはSEO的に評価されるのでしょうか？ 実はXやFacebookなど大半のソーシャルメディアのリンクには被リンクの評価を渡さない「rel="nofollow"」属性の設定がされているため（レッスン37参照）、直接的な被リンク効果はほとんど見込めません。ただし、ソーシャルメディアで拡散されるリンクがユーザーの目に留まり、さらにソーシャルメディア外でも個人ブログやメッセージアプリで共有される可能性もあります。また、ソーシャルメディアへの投稿自体が検索結果に表示されることもあり、検索エンジンの評価や検索からの流入への間接的な効果は見込めます。間接的でも効果はありますので、ソーシャルメディアでリンクを共有してもらえるに越したことはありません。

▶ **ソーシャルメディアのリンクには直接なリンク効果はない** 図表39-2

ソーシャルメディアはサイテーション評価につながる

レッスン36で述べたように、検索エンジンは外部からの被リンクを評価するだけでなく、リンクを含まない言及やサイトの評判も評価しています。そのような言及をサイテーションと呼び、最近は被リンクと同じくらい重要になってきています。ソーシャルメディアには情報の拡散力があり、うまく話題にのぼればサイトやサービスの言及数や引用数が増えます。

また、ソーシャルメディアをユーザーとの関係作りに活用すれば、評判を向上させることもできるため、その意味でもSEO効果が期待できるでしょう 図表39-3 。さらに、記事があるサイトでは記事や記事の著者についてWeb上でサイテーションが多いと、E-E-A-Tの権威性の観点で効果があります。いまのSEOはソーシャルメディアの活用が欠かせないのです。

▶ サイテーションのイメージ 図表39-3

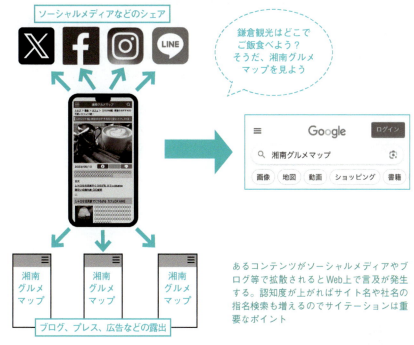

あるコンテンツがソーシャルメディアやブログ等で拡散されるとWeb上で言及が発生する。認知度が上がればサイト名や社名の指名検索も増えるのでサイテーションは重要なポイント

> ソーシャルメディアの活用が1番サイテーション獲得に有効です。企業や自社サービス、コンテンツを書いている著者に関する言及を増やし、認知拡大や評判作りに取り組むとよいでしょう。

◯ SEOの苦手分野をソーシャルメディアでカバーする

SEOは検索エンジンで検索するユーザーを集めることはできますが、検索しないユーザーを集めることができません。例えばまだ新しいサービスや世の中に普及していない商品などは検索が発生しないのでSEO対策を行うことができません。そのようなニーズがまだ潜在化しているユーザーへのアプローチに、ソーシャルメディアが向きます。まずはサービスを幅広いユーザーに知ってもらう認知度施策としてソーシャルメディア広告の活用なども効果的な場合がよくあります。自社のターゲットユーザーが集まっていそうなソーシャルメディアを把握し、新規ユーザーへのアプローチを行うとよいでしょう。

143

Lesson **40** ［ソーシャルメディアの最適化］
ソーシャルメディアで拡散されやすいコンテンツを作ろう

このレッスンの
ポイント

Webサイトのコンテンツがソーシャルメディアで拡散されやすくするためには、拡散されるための機能を用意する、拡散されやすいコンテンツ作りを意識する、またソーシャルメディア側での工夫も重要です。

● ソーシャルメディアで拡散されやすい仕組みを用意する

ユーザーが気になったコンテンツをすぐにソーシャルメディアで共有できるように、拡散してほしいコンテンツには、ソーシャルメディアへのシェアボタンを設けましょう（118ページ参照）。シェアボタンの位置は、長い記事の場合はコンテンツの先頭と、読了直後にもあると目に留まりやすくなります。また、フローティングボタンにしてスクロール中画面上部に表示させる方法もよいでしょう。

● ユーザーが拡散したくなるコンテンツを用意する

拡散される仕組みを用意するだけではコンテンツは拡散されにくく、ユーザーが共有したくなる「内容」が重要です。拡散されやすい内容はニュースや最新情報、トレンド、役立ち情報や便利なツール、ユーザーの関心を惹くコンテンツなどが挙げられます。例えば、独自のデータに基づいたオリジナル性の高いコンテンツや、ユーザーの属性にピッタリ合うコンテンツは拡散されやすいと言われます。ご自身のサイトのユーザーの立場になってみて、どのようなコンテンツなら実際に共有したくなるか考えてみるとよいでしょう。

自社の顧客となるユーザーだけでなく、同業者や取引先、メディアが関心を持つようなコンテンツも効果的な場合があります。

投稿時間の工夫や広告の活用もポイント

ソーシャルメディアの投稿は随時流れていきますので、投稿日時や時間を選ぶこともポイントです。例えばビジネス関係の記事はランチ時と18時台の帰宅途中の投稿が拡散されやすいです。サービス内容を意識したり、集計データを分析して工夫してみましょう。また、ソーシャルメディアは広告の活用も重要です。年齢や性別、所在地、興味関心のターゲティング、そして既存のフォロワーに似た類似のターゲティングなどもできる広告媒体もあるので、自社の投稿に興味を持ってくれそうなユーザーにアプローチすることができるのです。

▶ Facebookのターゲティング設定画面 図表40-1

コンテンツに設置するソーシャルメディアのボタンはターゲットを考えて決めましょう。幅広い層に利用されるFacebookとX（旧Twitter）、B2Bサイトでははてなブックマーク、ファッションサイトではLINEなどを追加するのがおすすめです。

ワンポイント　OGPでソーシャルメディアの表示内容を変える

ソーシャルメディアにURLを投稿すると、コンテンツのタイトルや説明文、アイコンが抜粋されて表示される機能をOGP（Open Graph Protocol）と言いますが、これを設定するとより魅力的な内容を表示することができます。OGPの設定はCMS側でできる場合と、HTMLの修正が必要な場合がありますので、開発担当者に確認してみてください。

Lesson [YouTube検索への対応]

41 YouTubeの動画SEOの基本を知ろう

このレッスンのポイント

動画を活用するサイトが増えてきています。自社サイトに掲載する場合の動画SEOはレッスン35で解説しました。YouTubeの活用も新たなユーザーにリーチできる有効な外部施策です。ここではYouTube SEOの基本を紹介します。

○ ユーザーの検索ニーズから動画のテーマを決める

YouTubeに限らず、動画のテーマと内容がユーザーのニーズに合っていなければ、どんなに対策してもユーザーに見てもらうことは難しいです。記事が動画になっただけで、6章のコンテンツマーケティングと考え方は一緒です。動画のテーマを選定する際には、ユーザーがYouTube内で検索しそうなキーワードを意識し、検索ニーズに応えることを意識します。さらに動画の場合も、自社の業界のトレンドや注目度を考慮して、ユーザーにおすすめ動画として表示された際に注目を惹く内容を目指しましょう。

▶ YouTube チャンネルの作成
https://support.google.com/youtube/answer/1646861?hl=ja

▶ 検索キーワードの調査　図表41-1

YouTubeでの検索も調査できるキーワード調査ツールもある

YouTube 内の検索ニーズを調べる際にはレッスン12で紹介したサジェストツールが無料で使えます。

Chapter 5 質の高いサイト外施策でWebサイトの価値を高めよう

146

YouTube内のSEOの基本

YouTube内の検索結果で上位に表示され、再生数を伸ばすには、図表41-2 のポイントを押さえましょう。また、「説明」欄でも基本的なSEO対策を行います 図表41-3 。

▶ YouTube動画の制作時のポイント 図表41-2

- 動画テーマに合った適切な長さにして、長すぎない・短すぎないことを意識する
- ユーザーに最後まで見てもらえる内容を意識し、視聴率を上げる
- 口頭や画面上で評価、コメント、チャンネル登録を促しエンゲージメントを高める
- 動画のクリック率を意識して、ユーザーの注目を惹くサムネイル画像とタイトルを作成する
- 対策したいキーワードを動画のタイトル、説明文で使用し、さらに動画内で音声としても記録されるように発話する
- 「説明」欄 図表41-3 に簡潔に動画の説明文を書く。動画の目次とタイムスタンプ、自社サイトや関連ソーシャルメディアのリンクも設置する

▶ YouTubeビデオ「説明」欄の入力内容 図表41-3

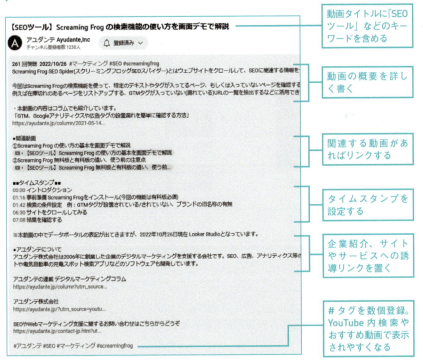

◯ YouTubeショートの活用も有効

ここ数年TikTokやInstagramをはじめ、ショート動画の人気度が上がっています。YouTubeにもメニューに「ショート」があり、そこからショート動画を見たり検索することができます 図表41-4 。YouTubeショートは通常の動画と同じようにアップロードできますが、長さが60秒以内、アスペクト比は正方形または縦長である必要があります。YouTube内だけでなくGoogleの検索結果にも表示されるようになってきているので、提供するサービスとターゲットとする訪問者の属性によってはショート動画の活用が有効です 図表41-5 。例えば短いノウハウやQ＆Aコンテンツ、おもしろ動画など様々な使い方が考えられます。ショート動画のポイントは通常の動画と同じです。ぜひ活用してみてください。

▶「ショート」の表示 図表41-4

画面下の[ショート]から再生できる

▶ Google検索での表示 図表41-5

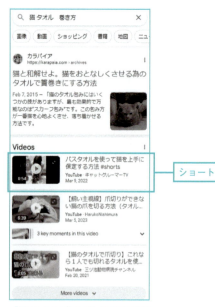

「猫 タオル 巻き方」の検索に対して検索結果に表示されるショートと通常の動画

YouTubeショートは定期的にアップロードすることも大事だと言われます。

Lesson 42 ［Googleビジネスプロフィール］

Googleビジネスプロフィールで店舗や会社の情報を管理しよう

このレッスンのポイント

実店舗や施設がある企業はその情報がGoogleマップやGoogle検索に表示される「ローカル検索」の対応が重要です。「Googleビジネスプロフィール」を登録することも1つの外部施策になりますので解説します。

店舗などで重要となるローカル検索

スマートフォンの普及とともに場所に関する検索が増えています。「店名」「近くの歯医者」「中目黒 イタリアン」などどこかに「行きたい」検索に対してはGoogleマップが上部に表示されます。「コンビニ」と検索してもGoogleはデバイスの位置情報を見て近くの店舗を地図表示してくれます 図表42-1 。

ローカル検索とは、位置情報が関連する検索結果でページ最上部に表示される1ブロックを指します。Googleマップの地図と、近くの施設3件をフィーチャーする「ローカルパック」と呼ばれる要素が含まれます。店舗がないサイトでも自社の情報を登録しておくと、会社名で検索された際にローカル検索の結果が表示され、ユーザーの安心感につながりますし、1つの外部施策にもなります 図表42-2 。

▶ ローカルパック 図表42-1

「コンビニ」の検索結果。上位店舗情報は、A〜Cで地図の下に表示される

▶ ローカル検索の企業情報 図表42-2

「アユダンテ」のローカル検索結果

NEXT PAGE →

○ ローカルパック内の順位に影響する要素

ローカルパック内の順位には、大きく「関連性」、「距離」、「知名度」の3つの要素が影響します。

「関連性」は、店舗・施設がユーザーの検索にどれぐらい関連しているかを示します。Googleがユーザーの検索と皆さんの店舗・施設との関連付けを理解するためにはGoogleビジネスプロフィールの情報を充実させる必要があります。

「距離」は、ユーザーが検索している現在地、もしくはユーザーが検索した地域名と店舗・施設の間の距離です。距離が近いほど上位に出やすいです。

「知名度」は、店舗や施設がどれぐらい広く知られているかを示します。Googleビジネスプロフィール上の口コミ数の増加も知名度の向上に貢献します。もう1つの大事な点は、Googleビジネスプロフィール上の店舗・施設名、住所、電話番号と、自社サイトやSNS上、他サイトに掲載されている情報が最新で正確であること（一致すること）です。

Google ビジネスプロフィールの口コミを促す施策は有効ですが、実際に店舗・施設を利用していない人に頼んで書いてもらうのはやめましょう。偽の口コミは逆に悪影響を与える可能性があります。

○ Googleビジネスプロフィールはオーナー登録が必須

ローカル検索に表示されるためにはGoogleが提供するGoogleビジネスプロフィールという無料ツールへの登録が必要です。

店舗や施設情報は、Googleに勝手に登録されていることもあります。ご自身の関係する店舗名や施設名、社名で検索してみて 図表42-2 のように表示されれば登録されています。表示されない場合は未登録なので、オーナーとして登録を行います。Googleビジネスプロフィールのウェブサイトでビジネスの情報を入力するとハガキが郵送されてきます。その住所でビジネスを行っている本人であるとオーナー確認されると、Googleビジネスプロフィールのすべての機能を利用できるようになります。

▶ Googleビジネスプロフィールのウェブサイト
https://www.google.com/intl/ja_jp/business/

◯ Googleビジネスプロフィールの登録情報を充実させる

Googleビジネスプロフィールの管理画面では、店舗・施設の名前、連絡先、住所やWebサイトの基本情報を登録できます。さらに、ビジネスの説明、営業時間、ビジネスのカテゴリ（例えば「ソフトウェア企業」「美容室」「歯科医院」など）やサービスオプション、バリアフリー対応など様々な詳細情報を追加できます 図表42-3 。定期的に写真やキャンペーン情報、お知らせを登録したり、よくある質問や口コミへの返信も行うとよいでしょう。このように情報の充実化や定期的な更新を行うことでGoogleビジネスプロフィールを見たユーザーにビジネスの訴求をしたり安心感を与えることができます。そしてローカルパックでの順位向上にも役立つでしょう。

▶ Googleビジネスプロフィールの登録例 図表42-3

Googleビジネスプロフィールの登録項目の例

Googleビジネスプロフィールの登録の際、[ビジネス カテゴリ]の設定が「関連性」に影響するのでとても重要です。施設に当てはまるカテゴリを網羅的に複数個設定するとよいです。

🎤 質疑応答

Q ソーシャルメディアの施策は本当にSEOに効果がありますか？

A 定期的にお知らせを投稿するだけではSEOへの影響が薄いかもしれませんが、ソーシャルメディアをうまく活用すれば、大きな効果を得ることもできます。

例えば、ECサイトの場合、インフルエンサーも活用して「ピンクのペンシルスカート」などと特定の商品をソーシャルメディア上でバズらせることができれば、その商品に関連する検索も増えて、検索からの流入と購入の増加につなげることができます。また、「ピンクのペンシルスカート」に関するソーシャルメディアを利用したキャンペーンの中でサイト名も含めていれば、バズったコンテンツが拡散されていくにしたがってサイト名のサイテーションも増えていき、サイト全体の評価向上につながる可能性もあります。

そのような効果を得るにはどの商品カテゴリを選ぶか、もしくは特定の商品名をバズらせるか、どのインフルエンサーに依頼してどのような見せ方をしてもらうかなど、戦略が重要です。また、ソーシャルメディアでバズるとたくさんのユーザーが同じタイミングで検索し、サイトに訪れます。その商品関連の検索キーワードですでに上位表示されていることや、商品の在庫が十分にあるかなどもあらかじめ確認するとよいでしょう。

Chapter 6

E-E-A-Tを見据えた
コンテンツ
マーケティング

読み物をただ作るだけでは、SEO効果は期待できません。E-E-A-Tが最も関係する部分です。ユーザーが信頼し、満足するような質の高いコンテンツ作りを目指しましょう。

Lesson 43 [E-E-A-Tの基本]

読み物系コンテンツで重要なE-E-A-Tを意識しよう

このレッスンのポイント

読み物系キーワードが対策できるコンテンツマーケティング。その作業において特にE-E-A-Tが重要です。改めて大事なポイントを解説し、コンテンツを作る際に気を付けるべきポイントについて解説します。

○ コンテンツを作る際にはE-E-A-Tを意識する

E-E-A-Tの概要についてはレッスン8で解説していますが、コンテンツに深く関係しますので、ここでもポイントを説明します。

記事などの読み物コンテンツを作る際にはE-E-A-Tの専門性や権威性、信頼、そして最近追加になった経験がとても大事なのです。例えば子供の歯列矯正について調べているときに、誰が書いたかわからない記事と歯科医の先生が書いた記事、どちらが信頼できるでしょう？ 権威性のある医師が専門知識をもとに書いた記事のほうが、信頼性が高いのではないでしょうか？ 記事コンテンツを作るときに意識したほうがよいE-E-A-Tのポイントをまとめます 図表43-1 。

▶ コンテンツを作る際に意識したいE-E-A-Tのポイント 図表43-1

- 高品質でオリジナルなコンテンツを作る
- 最新情報に更新する
- （テーマによって）体験談などの経験を盛り込む
- （テーマによって）その業界での位置付けや知名度など権威性を具体的に表す
- 権威性・専門性・経験のある著者／編集部が記事を書く
- 著者プロフィールを記載して、その中で専門分野（専門性）や登壇／受賞歴（権威性）などをアピールする（レッスン32参照）
- 必要に応じて信頼性がある引用元を使用して、引用元情報を明記する
- アフィリエイトリンクがある場合はrel="sponsored"属性を使い、文章でもアフィリエイトリンクがあることを明記する（レッスン37参照）
- ソーシャルメディアなどで露出してサイテーションを獲得する（レッスン39参照）

E-E-A-Tの重み付けを理解しよう

E-E-A-Tの4つの項目はサイトの種類やテーマによっても重み付けが違います。図表43-2 に具体例とともに示しました。一方、似たようなテーマでもユーザーのニーズに応じてE-E-A-Tの重み付けはかなり変わります 図表43-3 。対策したいキーワードがあるとき、E-E-A-Tのどれが重要になるテーマか考えましょう。そして3つの要素をバランスよく満たせると「信頼」が上がります。

▶ E-E-A-Tの重み付けと具体例 図表43-2

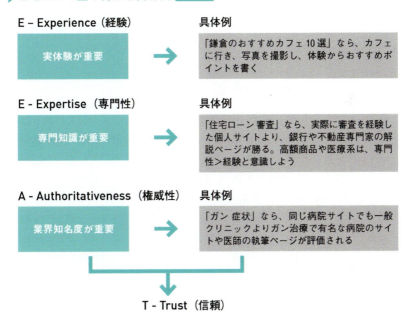

▶ 似たテーマに対してE-E-A-Tの重み付けが異なる例 図表43-3

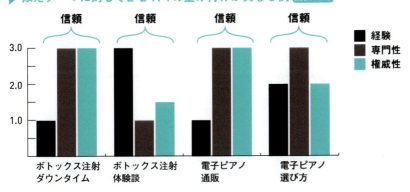

● コンテンツに「経験」を盛り込む

E-E-A-Tの1つ目のE（経験）は2022年12月に追加された新しい指標です。例えば鎌倉にあるイタリアンレストランを探しているときに、実際に訪れて食べた人と訪れていない人のどちらの記事が参考になるでしょうか。訪れた人は食事を経験していますから、より信頼性が高く参考になると思います。

ECサイトも同様で、購入者の使用感やレビューは参考になりますよね。スタッフの試着コメントも、イメージがつかみやすいと思います。このように誰かの経験を盛り込んだコンテンツはとても有益で信頼できるので検索エンジンも評価します。そして今後AIによる自動生成のライティングが増えていった場合でも、唯一書けない部分なので（AIは経験ができない）差別化になるでしょう。

●「誰が」書いているかが重要

「誰が」書いているか、著者について可能な限り情報を明記することを心がけましょう。例えば匿名の個人ブログでも、「ダイビングの資格保持者、ダイブ本数は500本、主に沖縄の海に潜っています」というプロフィールであれば、信頼して記事を読み進められますよね。

企業が発信するコンテンツはさらに信頼性が重要です。レッスン32で解説したように、著者か監修者の実名、編集部ならどんなメンバーが書いているのか説明を載せ、著者プロフィールページには所属企業や経歴、専門分野、登壇や受賞歴、論文投稿歴などできるだけ詳しい情報を掲載することをおすすめします。情報を出せば出すほどE-E-A-Tが満たされます。

● 著作権侵害にも注意する

著作権にも注意しましょう。他サイトの画像や文章を勝手に流用してはいけません。安易にコピーして作った記事はGoogleが重視する「誰が、どのように、なぜ」を全く満たしません。オリジナルであることもE-E-A-Tの観点から重要なのです。

逆にもし自身のサイトのコンテンツが他社に勝手に流用されていることに気付いた場合はGoogleに著作権侵害を申請できます。Googleは削除通知を受け取ると内容を審査し、侵害と判断した場合は検索結果からそのURLを削除します。

▶ 著作権侵害の報告：ウェブ検索
https://reportcontent.google.com/forms/dmca_search?hl=ja

> E-E-A-T は高額商材や医療健康は専門性や権威性、一般的なテーマは経験や専門性を意識するとよいです。

Lesson 44 ［読み物系ページの制作①］
読み物系ページのキーワードを対策しよう

このレッスンのポイント

「知りたい」ニーズは記事などの読み物で対策しますが、それをコンテンツマーケティングと言います。ここではまず読み物系キーワードの調査方法やニーズの捉え方について解説します。

○ 読み物系キーワードは「知りたい」「やりたい」のニーズ

コラムや記事などのコンテンツで対策すべきキーワードはレッスン10で解説した「知りたい」のニーズが主になります。検索ニーズの表を思い出してください。花粉症の時期や症状について教えてほしい、花粉症の鼻うがいを自分でやりたい、これらは何かを「知りたい」というニーズになり、記事などのコンテンツページで対策するべきものになります。

「このニーズは読み物？」というのはどうやって見分けることができるでしょうか。一番は検索結果を見てみることです 図表44-1 。Googleはユーザーの検索ニーズに最も一致すると判断したページを上位にヒットさせますので、まずは1位から10位にどんなページが並んでいるかチェックしてみましょう。記事がたくさん並んでいたらそれは読み物系ニーズでしょう。

▶ 実際にキーワードを検索して検索結果を確認 図表44-1

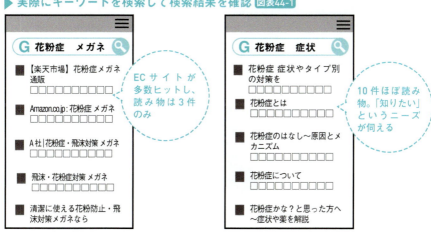

読み物系キーワードの調査は考えるところから

読み物系キーワードの調査にはレッスン12で紹介したGoogleのキーワードプランナーを使います。ただし、読み物系の「知りたい」ニーズこそ、キーワードではなく、検索意図に注目しなくてはいけません。そこで次のようなSTEPでユーザーのニーズを探り、読み物のテーマや構成を考え、コンテンツを作っていくとよいでしょう。旅行サイトを例にこのレッスンではSTEP1から3まで解説し、次のレッスンでSTEP4から仕上げまでを解説します。

STEP 1　知りたいニーズとキーワードを考えてみよう

STEP 2　キーワードツールにかけて調査しよう

STEP 3　キーワードの意図を分析しよう

STEP 4　コンテンツの構成を考えよう

STEP 5　ライティングをし、素材を用意し仕上げよう

STEP 1　知りたいニーズとキーワードを考えてみよう

まず、旅行をするときにユーザーが「知りたい」ニーズにはどのようなものがあるでしょうか？　レッスン15でターゲットとする訪問者と検索ニーズの書き出しをやってみましたね。思い出してみてください。

検索ニーズは「自分が旅行に行くとなったら何を調べるかな？」と訪問者になったつもりでキーワードの仮説を考えるとよいでしょう 図表44-2 。もし自分には縁のない分野や知識が足りない場合には社内にある資料や雑誌を読むなどアナログな作業も効果的です。そしてChatGPTもキーワードの案出しには結構使えます。

このレッスンでは「沖縄旅行 持ち物」というワードに注目して調査を実践します。これはまさに「今度沖縄に行くけど、何を持っていったら良いか知りたい！」というニーズですよね。実際、検索結果にも記事がたくさん並んでいます。

▶ ユーザーになったつもりで考える 図表44-2

沖縄旅行 持ち物
スーツケース 機内
持ち込み
行き先＋天気
……

リストアップした
キーワードは検索し
てみて記事が並ぶか
忘れずチェック！

キーワードの仮説

158

○ STEP 2 キーワードツールにかけて調査しよう

STEP 1で考えたキーワードをキーワードプランナーで調査します 図表44-3 。

「沖縄旅行 持ち物」は8,100も検索されている人気のワードです。派生語をもう少し探りたいので、48ページで使い方を解説したサジェストツールでも調べてみます 図表44-4 。

▶「沖縄旅行 持ち物」の結果 図表44-3

☐ キーワード	↓ 月間平均検索ボリューム
指定されたキーワード	
☐ 沖縄 旅行 持ち物	8,100
キーワード候補	
☐ 沖縄 旅行 持ち物 女子	1,300
☐ 沖縄 旅行 持ち物 リスト	720
☐ 沖縄 持ち物 リスト	480
☐ 石垣島 旅行 持ち物	390
☐ 沖縄 旅行 持ち物 リスト 冬	390
☐ 宮古島 旅行 持ち物	320
☐ 沖縄 旅行 持ち物 100均	320
☐ 沖縄 旅行 持っていくもの	320
☐ 沖縄 旅行 持ち物 2泊3日	320
☐ 沖縄 旅行 準備	210
☐ 沖縄 旅行 必需品	210
☐ 沖縄 持ち物 女子	140
☐ 沖縄 修学 旅行 持ち物	140

キーワードプランナーでの調査

▶ サジェストの調査 図表44-4

沖縄旅行 持ち物のサジェストとそのサジェスト

沖縄旅行 持ち物
    沖縄旅行 持ち物
    沖縄旅行 持ち物 女子
    沖縄旅行 持ち物リスト 子連れ
    沖縄旅行 持ち物 2泊3日
    沖縄旅行 持ち物 カップル
    沖縄旅行 持ち物 チェックリスト
    沖縄旅行 持ち物 男
    沖縄旅行 持ち物 5月
    沖縄旅行 持ち物 子連れ 夏
    沖縄旅行 持ち物 7月
沖縄旅行 持ち物 女子
    沖縄旅行 持ち物 女子 高校生
    沖縄旅行 持ち物 女子 3月
    沖縄旅行 持ち物 女子 冬
沖縄旅行 持ち物リスト 子連れ
    沖縄旅行 持ち物リスト 子連れ 冬
沖縄旅行 持ち物 2泊3日
沖縄旅行 持ち物 カップル
沖縄旅行 持ち物 チェックリスト
沖縄旅行 持ち物 男
    沖縄旅行 持ち物 男性
沖縄旅行 持ち物 5月
沖縄旅行 持ち物 子連れ 夏
沖縄旅行 持ち物 7月

サジェストツール（ラッコキーワードについてはレッスン14を参照）を使った調査

STEP 3　キーワードの意図を分析しよう

調べた結果はレッスン14の手順でCSVダウンロードしてリストにします 図表44-5 。派生語を見てどんな意図があるのか探ってみましょう。

まず性別、そしてカップルや子連れ、泊数、7月や冬などの季節も見られます。そして「リスト」「チェックリスト」というワードもあり、持ち物リストで確認したいというニーズもありそうです。これらのニーズを記事の内容に盛り込むとよいでしょう。

▶ 調査結果をExcelのリストにする 図表44-5

キーワード候補	検索数	サジェストワード	検索数
沖縄 旅行 持ち物	8,100	沖縄 旅行 持ち物	8,100
沖縄 旅行 持ち物 女子	1,300	沖縄 旅行 持ち物 女子	1,300
沖縄 旅行 持ち物 リスト	720	沖縄 旅行 持ち物 リスト	720
沖縄 持ち物 リスト	480	沖縄 旅行 持ち物 リスト 冬	390
石垣 旅行 持ち物	390	沖縄 旅行 持ち物 100均	320
宮古島 旅行 持ち物	320	沖縄 旅行 持ち物 2泊3日	320
沖縄 旅行 持ち物 100均	320	沖縄 旅行 持ち物 子連れ	320
沖縄 旅行 持っていくもの	320	沖縄 旅行 持ち物 カップル	260
沖縄 旅行 持ち物 リスト 冬	390	沖縄 旅行 持ち物 チェックリスト	140
沖縄 持ち物 女子	140	沖縄 旅行 持ち物 リスト 子連れ	140
沖縄 旅行 準備	210	沖縄 旅行 持ち物 冬	70
沖縄 旅行 持ち物 2泊3日	320	沖縄 旅行 持ち物 男	70
沖縄 旅行 必需品	210	沖縄 旅行 持ち物 3月	50
沖縄 修学 旅行 持ち物	140	沖縄 旅行 持ち物 夏	50
旅行 持ち物 沖縄	140	沖縄 旅行 持ち物 2月	40
沖縄 旅行 持ち物 チェック リスト	140	沖縄 旅行 持ち物 4月	40
沖縄 旅行 持ち物 冬	70	1歳 沖縄 旅行 持ち物	30
沖縄 2泊3日 持ち物	90	沖縄 旅行 子連れ 持ち物 リスト	30
沖縄 旅行 持ち物 夏	50	沖縄 旅行 持ち物 5月	30
沖縄 旅行 濡物 リスト	50	沖縄 旅行 持ち物 便利	30
沖縄 二泊三日 持ち物	70	沖縄 旅行 持ち物 春	30
宮古島 持ち物 女子	90	沖縄 旅行 持ち物 10月	20

> リストやチェックリストという派生語があるので持ち物のチェックリストを用意するとよい

> 性別は特に女子が人気。持ち物が多いからか。女子向けの内容も入れたほうがよい

> 行く時期によっても持ち物は変わるからか、月や季節の検索が多く見られる

> 他の言い回しがないかも考えるとよいです。例えば「沖縄旅行 荷物」「沖縄旅行 必需品」など。それらが人気で意図が同じであれば内容に盛り込みましょう。

> 「沖縄旅行 持ち物」のユーザーニーズが見えてきました。次のレッスンではこれらの検索ニーズから記事の構成を考えて実際に記事を書いて完成させる部分、「STEP 4 コンテンツの構成を考えよう」「STEP 5 ライティングをし、素材を用意し仕上げよう」を解説します。

Lesson 45 ［読み物系ページの制作②］
読み物系ページのキーワードからコンテンツを作ってみよう

このレッスンのポイント

前レッスンに続いて、このレッスンでは実際にどのように記事などのコンテンツを作っていくのか、構成やライティングのポイントについて解説していきます。キーワードの意図をコンテンツに盛り込むとよいです。

● STEP 4 コンテンツの構成を考えよう

前レッスンでSTEP 3まで解説しました。ここでは「沖縄旅行 持ち物」というテーマをもとに記事コンテンツの構成案を作ってみたいと思います。「え？ キーワードが決まったら執筆するんじゃないの？」と思う読者の方がいるかもしれません。しかし、いきなり執筆に入るとユーザーの検索ニーズが漏れてしまうことがよくあるため、手間でもまず構成を考えることが大事なのです。そこで、前のレッスンで調べたキーワードをもとに、派生語を同じニーズでグルーピングしてから構成を考えてみましょう。そのためにXMindというマインドマップツールが便利なので、それを使って派生語を整理します 図表45-1 。「Xmind8」はレガシーバージョンですが、通常版に比べシンプルなUIで今回の作業に適しています。機能制限はありますが無料で使用でき、有料版にする際も買い切りで済みます。

▶ XMindでキーワードをグルーピングする　図表45-1

前のレッスンで作成したExcelのキーワードリストを用意します。「沖縄旅行 持ち物」のテーマをサンプルとしてみます。

1　XMindのサイトにアクセスする

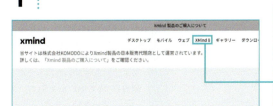

XMindのサイト（https://jp.xmind.net/download/xmind）にアクセスしておきます。

1 サイト上側のメニューで［XMind8］をクリックします。

NEXT PAGE →

2 対応するインストーラーをダウンロードする

1 [無料ダウンロード]をクリックします。

> XMind 8 Proは有料プランもありますが、ここでは無料版をダウンロードします。

2 使用しているOSを選択してダウンロードします。

> ダウンロードされたファイルを開き、指示に従ってインストールし、プログラムを起動します。

3 XMind8で新規ファイルを開く

1 XMind8が起動したら右上の[ホーム]ボタンをクリックします。

2 円になるマップがわかりやすいので、[均衡マップ（反時計回り）]を選択します。

> テーマ選択の画面が出たら、デフォルトの[プロフェッショナル]テーマのままで進みます。

4 中心トピックにメインキーワードを入力する

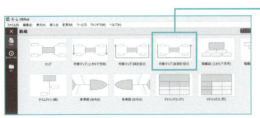

1 マップの中央に[中心トピック]が作成されるので、メインとなるキーワード（沖縄旅行 持ち物）を入力し、Enterキーを押します。

5 キーワードをコピーする

図表44-5 のリストのキーワードを検索数の多い順から70個ほどコピーします。このときに、キーワード候補から漏れているワードをサジェストワードから探し、キーワード候補の列に追加し、検索数の降順で並べ替えておきます。

1 キーワード候補から漏れているワードをサジェストワードから目視で探します。検索数の多いものだけ選ぶのでもよいです。

2 キーワード候補の一番下に追加し、検索数の降順で並び替えします。

3 検索数の多いキーワードを70個程度コピーします。

6 キーワードをペーストする

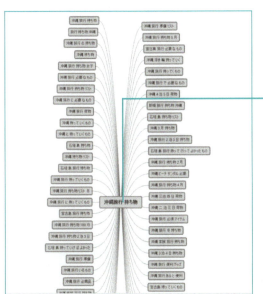

1 ［中心トピック］をクリックしてからペーストします。

検索数の多い順に反時計回りでキーワードが貼り付けられます。

7 親トピックを作成する

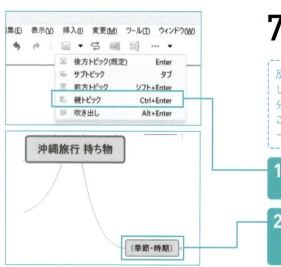

反時計回りにキーワードを確認していき、同じグループに振り分けられそうなものを探します。ここでは、季節・時期別でグルーピングしてみます。

1 [Ctrl] + [Enter] キーを押して親トピックを作成します。

2 空白枠には [主トピック] と出てきます。そこに「季節・時期」と入力します。

8 キーワードを移動する

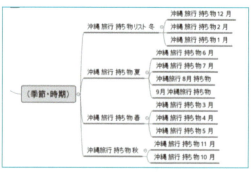

「冬」や「6月」など季節に関する言葉を探してドラッグして、「季節・時期」グループに入れます。その際に12月などを冬の下にドラッグすると図のような階層化も自動でできます。

名前を付けて保存しておきます。

9 グルーピングを完成させる

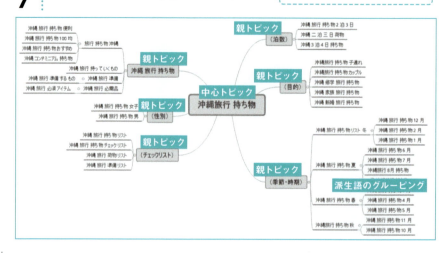

派生語から記事の構成を考えよう

グルーピングから記事の構成を考えてExcelやPowerPointで構成案シートを作っておきましょう。1つの親トピックを1段落として構成していくと作りやすいです 図表45-2 。季節や時期に関する検索ニーズは春や夏、3月、7月など自分が旅行をする時期の持ち物を知りたいという情報検索がありそうなので季節別の解説をする段落を作ります。このときに、キーワードを意識した見出し案も考えましょう。

▶ 季節別の親トピックで構成を考える例 図表45-2

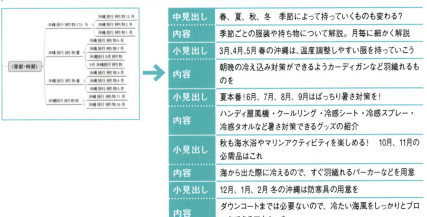

中見出し	春、夏、秋、冬　季節によって持っていくものも変わる？
内容	季節ごとの服装や持ち物について解説。月毎に細かく解説
小見出し	3月、4月、5月 春の沖縄は、温度調整しやすい服を持っていこう
内容	朝晩の冷え込み対策ができるようカーディガンなど羽織れるものを
小見出し	夏本番!6月、7月、8月、9月はばっちり暑さ対策を!
内容	ハンディ扇風機・クーリング・冷感シート・冷感スプレー・冷感タオルなど暑さ対策できるグッズの紹介
小見出し	秋も海水浴やマリンアクティビティを楽しめる！　10月、11月の必需品はこれ
内容	海から出た際に冷えるので、すぐ羽織れるパーカーなどを用意
小見出し	12月、1月、2月 冬の沖縄は防寒具の用意を
内容	ダウンコートまでは必要ないので、冷たい海風をしっかりとブロックできるアウターを

コンテンツ案の検討をする

同時に、どんなコンテンツを入れるかも考えます。例えば、グルーピング完成図の左下にある「チェックリスト」からは、持ち物のリストや一覧を知りたいというニーズが伺えます。そのため、図表45-3 のようなチェックリストを作成して掲載すると、ユーザーのニーズに応えられそうですよね。

▶ チェックリストの例 図表45-3

> 構成案を考える際はメインキーワード（沖縄旅行 持ち物）で検索し、検索結果に出る「他の人はこちらも検索」や「関連する質問」も参考にします。対応する回答を記事に盛り込むとユーザーの満足度が上がり、SEO の効果も期待できます。

○ コンテンツタイプの検討をする

記事を構成するには文字だけでは不十分です。読者の満足度を上げるコンテンツタイプも検討します。表やイラスト図解が有効な場合もありますし、動画がフィットする場合もあります。

どんなタイプのコンテンツがあるとよいかは、検索結果からヒントを得られます。例えば「スーツケース 詰め方」で記事を書くとしましょう。検索結果をチェックすると 図表45-4 のように画像や動画が表示されています。つまり、ユーザーが欲しいのは文章での解説だけではなく、わかりやすいイラスト図解や動画であることが推測されます。

この詰め方の図解や動画はE-E-A-TのE（Experience：経験）から作成できるコンテンツです。きっとユーザーにも検索エンジンにも評価されるでしょう。どのようなコンテンツがあれば読んだときにわかりやすいか、ユーザーの知りたいことに応えられるかという視点で、構成案を作る時点でコンテンツタイプも考えます。

▶「スーツケース 詰め方」で検索した結果 図表45-4

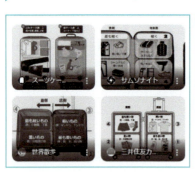

○ 記事のタイトル案を考える

記事の構成やユーザーのニーズに応えられそうなコンテンツタイプ（チェックリスト、図版、動画など）の洗い出しが終わったら、記事のタイトル案を考えます。このとき、1番検索数の多いメインとなるキーワードを含めましょう 図表45-5 。

今回の例だと「沖縄旅行 持ち物」というメインキーワード、チェックリスト、必需品、女子、子連れという人気の複合語を入れました。ここまでできれば、ほぼ構成案が完成しています。全体像は次ページからの 図表45-6 図表45-7 の通りです。

▶ 記事のタイトル案 図表45-5

【チェックリスト付き】沖縄旅行の持ち物と必需品 女子旅、子連れ、季節別に徹底解説！

▶ コンテンツの構成案シートの全体像 図表45-6

> どういう順番で段落構成するかがポイント。読みやすさやストーリー性を考えて決めていこう

タイトル：大見出し案	【チェックリスト付き】沖縄旅行の持ち物と必需品 女子旅、子連れ、季節別に徹底解説！
中見出し案	まずは沖縄旅行に限らず、旅に必須の持ち物チェックリスト
内容プラン	一番最初に筆者の紹介を簡単にすると「誰が」書いているのかわかってよい。例：沖縄に10年住んで現地ガイドをやっています……など。内容は、この段落では泊数別の荷物量や必需品のチェックリストを掲載する。
小見出し	2泊3日、3泊4日…泊数に合わせて荷物量を調整しよう
内容プラン	泊数に合わせたカバンやキャリーケースの目安のサイズを紹介
小見出し	海を満喫するための必需品は？
内容プラン	水着・ラッシュガード・サンダル、マリンシューズ日焼け止め・クールダウンジェル・サングラス・帽子日傘・ビーチバッグなど必需品について解説
関連リンク	関連記事「国内旅行 持ち物」へのリンク設置
中見出し案	女子旅、男子旅、それぞれ準備しておきたい荷物
内容プラン	男女別の持ち物をリスト形式で紹介
小見出し	女性は持っていきたいものがたくさん！
内容プラン	使い慣れているものを持っていきたい→スキンケア、ビューティー系アイテム・宿泊先になければ持参→ドライヤー、ヘアアイロン、コテ
小見出し	男性は必要最低限の荷物で身軽に！
内容プラン	剃刀や電気シェーバーなどの髭剃りアイテム、整髪料、シャンプー＆リンス、洗顔料
関連リンク	関連記事「旅行の荷物を減らす方法」へのリンク設置
中見出し案	春、夏、秋、冬 季節によって持っていくものも変わる？
内容プラン	季節ごとの服装や持ち物について各月毎に細かく解説
小見出し	3月、4月、5月 春の沖縄は、温度調整しやすい服を持っていこう
内容プラン	朝晩の冷え込み対策ができるようカーディガンなど羽織れるものを
小見出し	夏本番！6月、7月、8月、9月はばっちり暑さ対策を！
内容プラン	ハンディ扇風機・クールリング・冷感シート・冷感スプレー・冷感タオル など暑さ対策できるグッズの紹介
小見出し	秋も海水浴やマリンアクティビティを楽しめる！10月、11月の必需品はこれ
内容プラン	海から出た際に冷えるので、すぐ羽織れるパーカーなどを用意

> 最初に筆者の紹介、E-E-A-Tの専門性、権威性、経験を主張すると信頼が高まる

> ダウンロードできるチェックリストを用意する

> 関連記事があれば文中からリンク設置

> 性別ごとの解説

> 季節別の解説

Chapter 6

E・E・A・Tを見据えたコンテンツマーケティング

NEXT PAGE → 167

▶ コンテンツの構成案シートの全体像（続き） 図表45-7

小見出し	12月、1月、2月 冬の沖縄は防寒具の用意を	
内容プラン	ダウンコートまでは必要ないので、冷たい海風をしっかりとブロックできるアウターを	
関連リンク	関連商品「ウインドブレーカー商品」へのリンク設置	ECサイトへ誘導したい場合は、段落の終わりに関連商品へのリンクを置く
中見出し案	旅行の目的によって、あると便利なアイテム	
内容プラン	検索数の多い目的別に持ち物や役立つアイテムなどを解説	目的別の解説
小見出し	子連れ旅行の場合、子供の年齢によって持ち物を考えて。100均でこんなに揃う！	
内容プラン	おむつ・おしりふき・ウェットティッシュ・除菌グッズ・ポリ袋・レジャーシート・タオル・エコバッグ・ストロー・タッパーなどの容器　※子供用の日焼け止めも忘れずに	
小見出し	新婚旅行やカップルでの旅行に役立つアイテムは？	
内容プラン	2人の思い出の写真を沢山残したい→一眼レフ、GoPro、自撮り棒 お部屋のトイレを気兼ねなく使えるように→消臭剤 下着やメイク用品を彼の目に触れないように持っていくために→お風呂への移動や、ホテル内の移動に持っていける小さなバッグ	
小見出し	家族旅行や修学旅行など、大人数の旅行で持っていくと便利なもの	
内容プラン	たこ足のコンセントで、コンセントの穴が足りない問題を解決。トランプ、UNOなど、お部屋でみんなで遊べるアイテムもあると盛り上がる	
関連リンク	関連記事「便利なトラベルグッズ」へのリンク設置	
中見出し案	「持っていけばよかった…」と後悔したもの	キーワードが無くても経験談を盛り込むのは重要。E-E-A-TのE（経験）が担保でき、ユーザーの役にも立つ
内容プラン	筆者が実際に「持っていけばよかった…」と体験から後悔したものを紹介	
小見出し	コンパクトなテント	
内容プラン	ビーチで休憩する際に、日影があるとないとでは大違い。小さな子ども連れの場合、おむつ替えなども周りを気にせず行える。貸出ししているビーチもあるので要確認！	
小見出し	保冷バッグ	
内容プラン	コンパクトに畳んで持っていけるクーラーバッグはどこでも便利。暑さ対策に、冷たい飲み物があったらよかった……と後悔	
段落：中見出し案	準備万端で旅に出かけよう！	
内容プラン	最後にまとめのひと言。必要な持ち物をリストに追加して、忘れ物のないように旅を楽しんで	

構成案シートの中の色文字は、キーワード（沖縄旅行 持ち物の派生語）の部分です。このように見出しや内容にしっかり検索ニーズを含めることで高い効果が見込めます。

STEP 5　ライティングをし、素材を用意し仕上げよう

構成案ができたらシートをもとに知見や専門知識を持った人に執筆してもらい、必要な素材も用意します。著者や監修者の情報はレッスン32のようなプロフィールとして記事の最後に掲載するとよいでしょう。

執筆が終わったら素材を作成して、記事ページを作成・公開します。手間はかかりますが、このようにユーザーの検索ニーズからテーマを決め、構成を考えてライティングしていくことでSEO的には大きな効果が期待できるのです。

記事コンテンツの大事なポイントは量ではなく質です。記事の文字数をやみくもに増やしたり、似た内容で1カ月に100本作成するなどはほとんど効果がありません。それよりも1本あたりの価値を高めてください。しっかり訪問者のキーワードや意図を理解し、ニーズを構成に盛り込み、わかりやすい図や画像を豊富に使って作った記事は必ず評価されます。1本あたり制作に時間がかかっても、得られる効果は量産より大きいのです。

ワンポイント　構成案を作る作業は生成AIでできる!?

手動でキーワードをグルーピングし記事の構成を考えるのは手間がかかる作業です。そこでAIチャットを活用できないか試してみました。手順としては、①キーワードのグルーピングの指示として、163ページのキーワードリストの上位70個程度をコピー（検索数は不要）して、「以下のキーワードをユーザーの検索ニーズに応じて、【目的、泊数、時期】などのグループに分類して」と指示します。
②戻った返答に対して「これをもとに記事の構成案を作って」と指示します。その際、記事内容により【20代から40代】という指示も追加してみました。
結果として、現時点ではChatGPT、Bingチャット、Google Gemini、どれも本書と同じような内容の結果は返ってきませんでした。やはり人が考えて作業するクオリティにはまだ遠い印象です。

ただし、自分がやった作業のチェックや知見のない分野の記事の下調べには十分使えそうです。興味のある人は指示の【　】内の文字をテーマにより調整し、試してみてください。

> 上記のグルーピングに基づいて、沖縄旅行に関する記事の構成案を以下に示します。この記事は、異なるニーズや状況に応じて、持ち物リストを提供します。
>
> **タイトル: "沖縄旅行の持ち物リスト: 目的、泊数、時期別に選ぶ"**
>
> **概要:**
> ・この記事では、沖縄旅行に必要な持ち物を、旅行の目的、泊数、時期などの異なる要因に基づいて分類し、リストアップします。沖縄の美しい島々での快適な滞在を楽しむために、持っていくべきアイテムを選びましょう。
>
> **セクション1: 目的に応じた持ち物リスト**
> ・セクション1.1: 一般的な沖縄旅行持ち物
> 　・服装、水着、サンダル、帽子などの基本的なアイテム。
> ・セクション1.2: 女子旅におすすめの持ち物
> 　・ビーチ用品、メイクアップ、ドキュメントなど女性向けのアイテム。
>
> **セクション2: 旅行の泊数別持ち物リスト**
> ・セクション2.1: 2〜3泊の短期滞在
> 　・軽量でコンパクトな持ち物リスト。

ChatGPT（GPT-3.5）で②の指示をして構成案を作った一例。体裁は整っている

Chapter 6

E・E・A・Tを見据えたコンテンツマーケティング

169

Lesson **[ヒートマップ分析①]**

46 ヒートマップツールを導入してみよう

このレッスンのポイント

記事などのコンテンツを公開してしばらく経過したら、ヒートマップで分析するとよいでしょう。ここからは、Microsoft Clarityというヒートマップツールを使った分析方法と導入方法を解説します。

◯ ヒートマップツールとは

ヒートマップツールとは、ユーザーがページにおいてどのような行動をしているか、行動分析ができるツールです。もともとはユーザビリティ（使いやすさ）の改善をする際に使われてきたツールです。最近では検索エンジンもユーザビリティを重視してきているため、SEO対策で必須のツールとなっています。

ヒートマップツールのデータを見ると、記事が意外と読まれていない、スクロールされていない、商品へのリンクがクリックされていないなどの課題が見つかることが多いです 図表46-1 。このレッスンではまずツールを導入しましょう。

▶ ヒートマップツールで検証するべきこと 図表46-1

- 読んでほしい重要な箇所までスクロールされているか？
- スクロール率が突然落ち込む場所がないか？ ＝離脱されている
- ページの中でタップされている箇所はどこか？ そこはクリックできるか？（リンクになっているか）
- 商品や、関連記事などクリックしてほしいリンクがクリックされているか？
- ユーザーがどこを熟読しているか、それが上部にあるか？

◎ Microsoft Clarityを導入してみよう

ヒートマップツールは多数ありますが、本書ではMicrosoft社のClarity（クラリティ）というツールを紹介します 図表46-2 。

このツールは2023年9月時点でPV無制限、無料で使用することができるのです。

▶ Microsoft Clarity（日本語版）を導入する 図表46-2
https://clarity.microsoft.com/lang/ja-jp

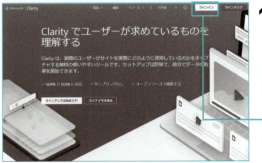

1 Microsoft Clarityにサインインする

上記のURLで、Microsoft Clarityのサイトにアクセスしておきます。

1 ［サインイン］をクリックします。

2 サインインする

1 Microsoft、Facebook、Googleのいずれかのアカウントを選択します。

アカウント情報を入力してサインインを完了します。

3 利用言語を選択する

1 ログイン後、ヘッダー部分の名前のところをクリックし、［Manage Account］をクリックします。

2 基本設定の言語で［日本語］を選択します。

NEXT PAGE → | 171

4 プロジェクト作成ウィンドウを開く

1 左上の[＋新しいプロジェクト]をクリックします。

5 プロジェクトを作成する

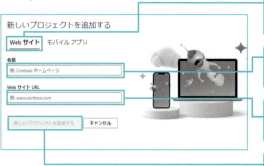

1 [Webサイト]タブを選択していることを確認します。

2 [名前]にプロジェクトの名前を入力します。

3 [WebサイトURL]にサイトのURLを入力します。

4 [新しいプロジェクトを追加する]をクリックします。

6 コードのインストールを行う

1 [設定]をクリックします。

2 左ナビゲーションの[セットアップ]をクリックします。

3 [手動でインストールする]→[追跡コードを取得する]をクリックします。

7 コードのインストールを行う

3つのインストール方法がありますが、今回は「タグを設置する」方法にします。

1 [クリップボードにコピー]をクリックしてソースをコピーします。

コードを計測したいページのheadタグの中に追加すると、計測が開始されます。

> コードのインストール方法は3種類用意されており、Google タグマネージャー経由でも出力可能です。

◯ Microsoft Clarityで分析してみよう

設定が終わったら計測が開始されます。Microsoft Clarityで分析可能な機能は主に以下の3つになります 図表46-3 。

この中で、よく見るヒートマップとレコーディングレポートについては、次のレッスンから見方を解説します。

▶ Microsoft Clarityで分析できる機能 図表46-3

機能名	説明
ヒートマップ	スクロール（読了率）／クリック（タップ）
レコーディング	1セッション単位でのユーザー行動
ダッシュボード	Clarityが重要視する指標の結果、レポート

◯ ヒートマップツールは記事以外のページでも活用しよう

本章では、ヒートマップツールを使って記事など読み物系ページを分析する方法を紹介していますが、もちろんそれ以外のページでも活用できます。例えばトップページ。どんな内容をどこに配置するか、サイト内のナビゲーションをわかりやすく置けているか、どこがクリックされているかなど、見るべきポイントはたくさんあります。現在のSEO対策とヒートマップツールは切っても切れない重要な関係なのです。

ワンポイント　WordPressなら無料のプラグインもおすすめ

WordPressを使っているサイトは公式プラグインの「QAアナリティクス」（https://quarka.org/）もおすすめです。10万PV以下のサイトなら無料でヒートマップ機能が使えます。Clarityのようなタグ設置などの手間もかからずプラグインの検索と有効化で簡単に使えて便利です。

Lesson 47 ［ヒートマップ分析②］

スクロールとタップを分析してみよう

Chapter 6　E-E-A-Tを見据えたコンテンツマーケティング

このレッスンのポイント

前レッスンではMicrosoft Clarityを導入しました。計測が開始されたら早速分析してみましょう。このレッスンではヒートマップレポートについて見方を解説します。ここではアユダンテの運営するコラム記事を例に見ていきます。

○ ヒートマップレポートでわかること

ヒートマップの画面は 図表47-1 のようになっています。「スクロール」と「タップ」という2つの見方があり、スクロールは読了率が、タップはクリック率はわかる機能です。次ページ 図表47-2 の ❺ で切り替えられます。

ここからのレッスンは、アユダンテで運営する「つぶやきデスク」というX（旧Twitter）クライアントの製品サイトのコラム記事を例にして、機能を見ていきましょう。

▶ヒートマップを開く 図表47-1

https://twdesk.com/column/c029/のヒートマップ

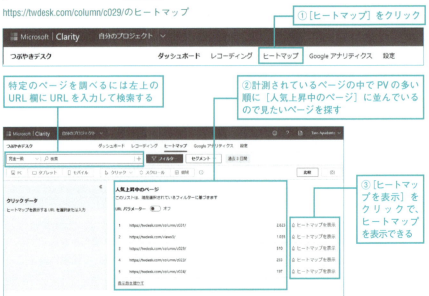

①［ヒートマップ］をクリック

特定のページを調べるには左上のURL欄にURLを入力して検索する

②計測されているページの中でPVの多い順に［人気上昇中のページ］に並んでいるので見たいページを探す

③［ヒートマップを表示］をクリックで、ヒートマップを表示できる

174

▶ ヒートマップ画面の構成 図表47-2

❶閲覧しているURL
❷クリックの多い要素
❸フィルタ
❹デバイス
❺ヒートマップのタイプ：[クリック]（PC表示の場合。スマホ表示では[タップ]）[スクロール][領域]の3種
❻ヒートマップ

集計期間を指定する

期間を7日間にしてスマホでのデータが見たいので、❸[フィルター]をクリックして設定を変更します 図表47-3 。これで、過去7日間のスマホページの分析ができるようになりました。

▶ フィルタを設定する 図表47-3

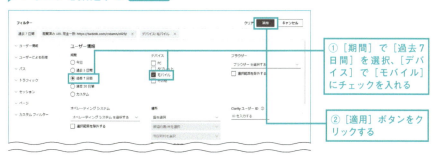

①[期間]で[過去7日間]を選択、[デバイス]で[モバイル]にチェックを入れる

②[適用]ボタンをクリックする

デバイスの切り替えだけなら 図表47-2 の❹の箇所で[モバイル]をクリックしてもできます。

◯ タップ（クリック）を見てみよう

スマホ画面のクリック率は、[タップ]をオンにして表示できます。左ナビにはクリックの多い順に箇所が表示されます 図表47-4 。リストを個別に見ていくこともできますが 図表47-5 、[領域]に切り替えると 図表47-6 、全体を一望して確認しやすいでしょう。

▶ クリックの表示　図表47-4

[タップ]をクリックして表示

左ナビはクリックの多い順の表示。各項目番号をクリックすると、ページの該当箇所にジャンプする

▶ クリック箇所の確認　図表47-5

この場所が一番クリックされていたようだ。スクリーンショットがあるので、よくクリックされたと推測

[製品資料をみる]ボタンをマウスオーバーして確認。1回しかクリックされていない。ページの下部すぎて気付かれないのだろうか

▶ 領域表示　図表47-6

領域ヒートマップではページ内でタップの多かったブロックを確認することができ、視覚的に見やすい

○ スクロールを見てみよう

ヒートマップのタイプを［スクロール］に切り替えるとスクロールヒートマップが表示され 図表47-7 、ユーザーがページ内のどこまでスクロールしたかが数値と画面で確認できます。

▶ スクロールの確認 図表47-7

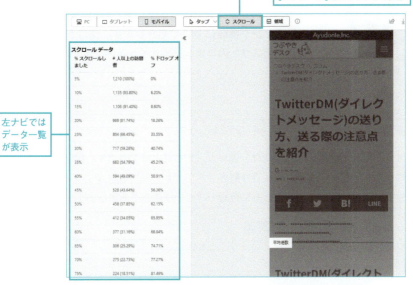

［スクロール］をクリックして表示

左ナビではデータ一覧が表示

▶ 個別のスクロール率の確認 図表47-8

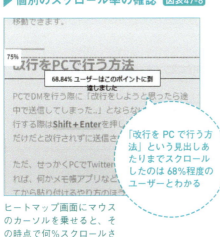

「改行を PC で行う方法」という見出しあたりまでスクロールしたのは 68%程度のユーザーとわかる

ヒートマップ画面にマウスのカーソルを乗せると、その時点で何%スクロールされているかが表示される

ページの下までスクロールされている率は 10%を切ることも多いです。つまり記事の最後に「お問い合わせ」などのボタンを置いてもそもそもそこまで到達しているユーザーはとても少ないのです。

177

Lesson 48 ［ヒートマップ分析③］
レコーディングを分析してみよう

このレッスンのポイント

前のレッスンではヒートマップレポートについて解説しました。このレッスンではもう少し深く個別に分析できるレコーディング機能について紹介します。先ほどと同じ「つぶやきデスク」のコラム記事サイトを例に見ていきます。

○ レコーディング機能の使い方

レコーディング機能 図表48-1 では、個々のユーザーがページ内でどのような動きをしているか、録画データとともに確認することができます。確認するのは大変ですが、気付きが多いレポートなので、ぜひ活用してみましょう。

▶レコーディングを開く 図表48-1

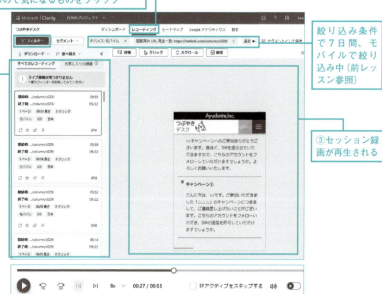

②表示しているページのレコーディング一覧が出るので気になるものをクリック

①［レコーディング］をクリックで表示

絞り込み条件で7日間、モバイルで絞り込み中（前レッスン参照）

③セッション録画が再生される

画面下にシークバー、10秒スキップ、再生・一時停止などのコントロール画面が表示される

● レコーディングを確認する

左ナビにたくさん並んだレコーディングからどれを見たらいいでしょうか。筆者は「クリックの多いレコーディング」「たくさんのページを見ているレコーディング」「適度な長さのレコーディング」などの条件で3〜5個くらいのレコーディングを選びます。すると、そのページの傾向が大方推測できるからです。ここでは、https://twdesk.com/column/c029/ の記事のレコーディングからいくつかを見た結果を紹介します 図表48-2 〜 図表48-4 。

▶ クリックの多いレコーディング 図表48-2

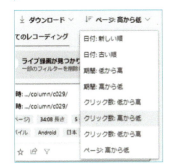

まずは並び順を変えます。[クリック数：高から低] にする

1番クリック数の多いレコーディングがこの7クリックのもの。9分42秒と長さも適度

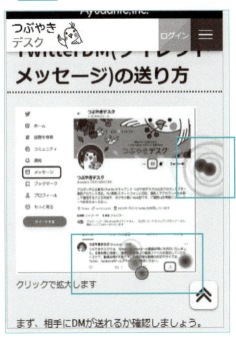

レコーディングを見てみると、冒頭のX（旧Twitter）画面のキャプチャが何度もクリックされていることがわかりました（上図）。やはり言葉より画面で確認するユーザーが多いのかもしれません。

▶ ページをたくさん見ているレコーディング 図表48-3

次に「たくさんのページを見ているレコーディング」を選ぶ。並び順を［ページ：高から低］にすると1番上に、6ページも見ているレコーディング（34分8秒）があるので、これを見る

レコーディングを見てみると、このユーザーはサンプルの「TwitterDM（ダイレクトメッセージ）の送り方、送る際の注意点を紹介」という記事から「Twitterでのハッシュタグの基本的な使い方。活用方法は？」を見て、「便利すぎるTwitterの高度な検索、コマンドの使用方法も紹介」という記事をさらに見て、合計で5記事を回遊していることがわかりました。

右下の詳細ボタンを押すと、より詳細に、どこのページを見たか、どのリンクがクリックされたかわかるのであわせて確認する

どの記事も、読了後の「関連ページ」がクリックされており、やはり読み終わったあとの関連リンクが大事だということがわかる

ワンポイント　Clarityはプライバシーポリシーを要確認

Clarityはcookieを利用しています。自社サイトのプライバシーポリシーに個人情報の取り扱いについて記載するなど、企業サイトで利用する際には一度確認してみてください。

▶ Microsoft Clarity FAQ
https://docs.microsoft.com/en-us/clarity/faq#privacy

▶ ユーザーの個人データの利用について
https://privacy.microsoft.com/ja-jp/privacystatement

▶ どんな要素がよく見られているのか　図表48-4

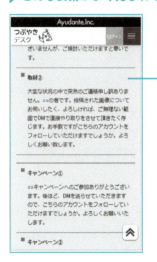

いくつかレコーディングを見ていった結果、ページ途中にあるDM（ダイレクトメッセージ）の文例集をじっくり見るユーザーが多いことがわかりました。
中には「もっとないのかな」とクリックするユーザーもいました。逆に上部の「改行をPCで行う方法」というブロックはあまり読まれていませんでした。記事の構成を変えたり（文例を上に）、もしくは記事の上部に目次を付けて、文例があることが目に付きやすいよう工夫してみると読了率などが改善するかもしれません。

ワンポイント　AI機能搭載で要約作成も

Microsoftは自社製品にChatGPTを搭載してきています。Clarityにもすでに導入されており、例えばすべて見るのが大変なレコーディングのサマリー内容をAIでまとめてくれる機能があり、とても便利です。レコーディング一覧で右図のボタンをクリックすると要約が表示されます。AIの活用がどんどん進みますね。

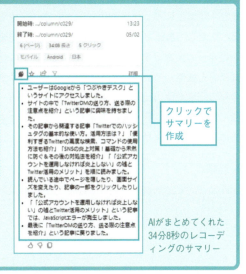

クリックでサマリーを作成

AIがまとめてくれた34分8秒のレコーディングのサマリー

ヒートマップツールは有料、無料さまざまなものがあります。何を使ってもいいですが、1ユーザーの視点で「使いやすいか」「欲しい情報があるか」「他のページへ回遊できるか」などのユーザビリティを分析してみましょう。

Lesson 49 ［読み物系ページ制作の要点］

読み物系ページで大事なことを確認しよう

このレッスンのポイント

ここまで読み物系キーワードの選び方から、コンテンツの作り方、そして作成後のヒートマップ分析などを解説してきました。ここでは読み物系ページを作るときに注意するポイントをいくつか紹介します。

○ SEOにおけるリライトの重要性

コラムやブログなどの読み物系ページは定期的にリライトするのが重要です。なぜなら検索エンジンは情報の新鮮さも評価しますし、最新であることはE-E-A-Tの観点からも大事です。例えばスキー板の選び方を検索していて、10年前の記事と今年の記事が両方出てきたらどちらを参考にしますか？ テーマにもよりますが、やはり古い内容より新しい情報のほうが信頼できると思います。

そのため、すべての記事でなくともよいですが、特に季節やトレンドが関係する記事はヒートマップツールを見て定期的に見直し、リライトしましょう 図表49-1 。リライトした記事は同じURLを使って、ページの中の更新日を新しい日付にするとよいでしょう。日付に関してはレッスン32（116ページ）も参考にしてください。

▶ 記事のリライトをするかどうかのチェックポイント 図表49-1

- 内容が古くなっていないか
- 紹介している商品などのリンクがリンク切れになっていないか
- 季節もののテーマで最新年の内容にしたほうが良いのではないか
- だんだん順位や流入が下がってきていないか

読み物系のキーワード調査やグルーピング、構成作成やヒートマップ分析には、ミエルカSEO（https://mieru-ca.com/）というツールもおすすめです。有料ですが、コンテンツマーケティングの作業をまとめてでき、著作権侵害チェック機能も付いています。

○ 読み物から商品への誘導を工夫する

ECサイトやサービスサイトが読み物系ページを作る目的はコンバージョンです。集客して読んで終わりでは目的を達成できません。図表49-2 は「同窓会 服装」というキーワードでコンテンツを作成する例です。ここでは「同窓会でどんな服装をしたらよいか」という「知りたい」ニーズを踏まえつつ商品への誘導を考えます。

▶「同窓会 服装」でコンテンツを作る例 図表49-2

×良くない構成例

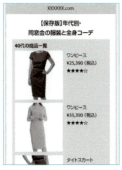

ECサイトの特集は、商品を前面に押し出したものが多いが、ユーザーが知りたいのは「40代の私は同窓会でどんな服装をすべき？」への答え。ユーザーニーズを満たすには、まず答えを提示すべき

×良くない構成例

逆にずっと文章が続くのも飽きられる。最後に関連商品が並んでいても、そこまで読まずに離脱するユーザーも相当数いそうだ

◎良い構成例

こちらは良い例。答えを提示しつつ、ブロックごとに最適な商材を提案する。なぜその商材がおすすめなのかを記載するのもよい

○ 内部リンクをしっかり貼ろう

意外と見落としがちなのがサイト内の内部リンクです。コラムなどの読み物コンテンツは作るだけではなかなか上位に来ませんので、サイト内からのリンクを設置することが重要です。

ときには、1本も被リンクがない記事も見かけます。図表49-3 をチェックし、該当レッスンでしっかり対策しましょう。

▶コラムコーナーにありがちな問題 図表49-3

- コラムトップへのリンクがグローバルナビゲーションにない（レッスン28参照）
- トップページにコラムコーナーへのリンクブロックがない（レッスン29参照）
- コラムにカテゴリがない（カテゴリは大切なリンク供給ページ）
- コラムカテゴリのページネーションが無限スクロールになっている（レッスン59参照）

183

質疑応答

Q GoogleはAIで作ったコンテンツをどう評価しますか？

A ChatGPTの登場以降、そのAPIを使ったSEOツールが複数登場してきています。特に多いのは本章のコンテンツマーケティングの分野です。AIにライティングさせるようなツールがいろいろあるようです。ブログやコラムなどの記事を書くのはとても時間がかかりますし、専門のライターに依頼すればコストもかかります。それが自動化できるなら、とてもよいかもしれません。でもAIに書かせて本当に大丈夫でしょうか？ SEO的に評価されるのでしょうか？

Googleはいち早くAIコンテンツに対してガイドラインを出し、いまのところAIも人が作ったものも同等に評価するとしています。ただし、それはE-E-A-Tをしっかり満たしていて質が高い場合です。AIは間違っていることを書くこともありますし、ハルシネーションといって事実に基づかない回答を生成することも多くあります。コンテンツマーケティングの作業でAIを活用するのはいいですが、丸投げするのは禁物です。必ず人の目で確認するようにしましょう。

▶ AI 生成コンテンツに関する Google 検索のガイダンス
https://developers.google.com/search/blog/2023/02/google-search-and-ai-content?hl=ja

Chapter 7

技術的な問題を解決して優れたWebサイトを目指そう

SEOにはサイトの技術的な修正も不可欠です。修正には開発担当者の手も借りますが、円滑にやりとりを進めるためにも、Web担当者が知っておくべき技術要件を解説します。

Lesson **[URLのベストプラクティス]**

50 URLのベストプラクティスを理解しておこう

このレッスンのポイント

URLとはインターネット上における住所であり、検索エンジンは主にURLごとにページを評価します。このレッスンでは、サイトを管理しているうちにぶつかるURLの問題を解決するために役立つ情報をまとめて解説します。

○ ドメインはなるべく既存のドメインを使用する

ドメインとは、URLのwww.example.co.jpのような部分です 図表50-1 。
新しいサイトを立ち上げるときは既存のドメインを活用する方法と新規ドメインを使う方法があります。
いままでのサービスと大きく異なるサービスを展開するときやまだWebサイトを持っていないときは新規ドメインを使うことになりますが、検索エンジンはドメインの歴史を重視するのでSEOの効果を考えるとなるべく既存のドメインを活用するのがおすすめです。

▶ URLの各部位の名称 図表50-1

```
プロトコル   ドメイン              パス              パラメータ   フラグメント
https://www.example.co.jp/seo-master/article/what-is-a-domain?ref=top#section3
        サブドメイン         ディレクトリ    ファイル名
             トップレベルドメイン (TLD)
```

URLの各部位の名称を押さえておきましょう。本書やSEO関連の情報を調べるときにも頻繁に登場するので覚えておくと便利です。

● トップレベルドメインはccTLDを意識して選択する

新しくドメインを取得するときはわかりやすくシンプルなドメイン名を意識しましょう。ドメインによってSEOの有利・不利はないとされていますが、ドメイン末尾のTLD（トップレベルドメイン）には意味があります。

例えば.comや.netは企業などの一般向け、.orgは非営利団体向け、.shopはお店向けとされています。TLDのうち、ccTLD（国コードトップレベルドメイン）と呼ばれる.jp（日本向け）や.us（米国向け）などは、特定の地域を対象としたサイトであることを利用者および検索エンジンに示すことができ、グローバルでサイトを展開する場合は使い分けることが有効です。逆に、サイト運営に無関係なccTLDを選ぶのは避けましょう。また、hreflang アノテーションというタグを活用すると言語違いのWebページの存在を検索エンジンに明示できます。サイトをグローバルに運営している場合は以下のヘルプを参照ください。

▶ Google検索セントラル：地域ごとの URL を使用する

https://developers.google.com/search/docs/specialty/international/
managing-multi-regional-sites?hl=ja#locale-specific-urls

● ドメイン取得時は過去の履歴も調査する

新しくドメインを取得するときは、Wayback Machineなどを使って同名のドメインが過去に利用されていたかどうかも調査しましょう。もしアダルトサイトや詐欺サイトで使われたとしたら、ブランド毀損や、サイトがセキュリティソフトからブロックされるといったことが起こります。不自然なリンク購入などによるスパム判定を受けたドメインを取得してしまうと、その解除のために手間を要することもあるので注意しましょう。

▶ Wayback Machine（過去のURLの内容がアーカイブされているサービス）

https://archive.org/web/web.php

👍 ワンポイント　第三者への有償でのドメイン貸しに注意

検索エンジンから高い評価を受けているサイトのサブドメインやサブディレクトリをSEO目的で貸し出す「ドメイン貸し」や「ホスト貸し」は、安易に利用しないようにしましょう。Googleはこれを「サイトの評判の不正使用」としてスパム行為とみなしており、検索エンジンからのサイト全体の評価に悪影響を与えるリスクがあります。

Chapter 7

技術的な問題を解決して優れたWebサイトを目指そう

NEXT PAGE ➡ | 187

URLの構造に気を付ける

URLは意味のある階層構造で構成しましょう。例えば、アパレルのECサイトなら、トップスの1つであるTシャツのカテゴリページは「/category/tops/t-shirts/」、個別の商品ページであれば商品ID情報を使って「/products/a1234-01/」のように設定します 図表50-2 。

わかりやすいURLは利用者がページの役割や関係性を理解することを助けるのはもちろん、SEOの結果の分析のしやすさや、robots.txt（レッスン52参照）での制御のしやすさに大きく影響します。

▶ URLの階層構造 図表50-2

カテゴリの階層構造　　　アイテムのカテゴリ

```
https://www.example.com/category/tops/t-shirts/
```

URLはずっと使い続けられることを意識する

検索エンジンは基本的にURL単位でページの評価を行い、蓄積していきます。このため、ページのURL文字列を考えるときは変更が生じにくく長く使い続けられるURLを意識することがSEO的には重要です 図表50-4 。

URLが途中で変わってしまうと検索エンジンからの評価が失われるだけでなく、せっかくの被リンクが機能しなくなってしまいます。

▶ 変更が生じやすいURLの例 図表50-3

メニュー名や記事タイトルをそのまま使っており、サイトの軽微な変更に連動して変わる URL

ページタイトルを変更すると URL も変更されてしまう

✕
```
https://www.example.com/article/【SEO】ドメインとは何か/
```
⬇
```
https://www.example.com/article/SEOのドメインについて学ぼう/
```

▶ 変更が生じにくいURLの例 図表50-4

ページ内の表現と直接連動しないシンプルな英語フレーズを使った URL

○
```
https://www.example.com/article/what-is-a-domain/
```

公開日時情報や番号を使った URL

○
```
https://www.example.com/article/2024-01-01/
```

○
```
https://www.example.com/article/45623/
```

○ キャンペーンページもURLを変えずに使う

SEO的には1つのページに評価を集めることが重要なため、例えば季節のキャンペーンページを作る場合も、図表50-5 の左のようなURLにして使い続けると過去のリンクや評価をある程度引き継げるメリットがあります。

最も重要な点はURLが後から変わらないことなので、いまのURLを変えてまでこれらのアドバイスに従う必要はありません。

▶ キャンペーンURLも基本的には変えない 図表50-5

1つのページに評価を集めることが重要です。

同じURLでページ内容を書き換えれば、インデックス済み・被リンクや検索エンジンからの評価を獲得済みの状態になる

キャンペーンのたびURLを変えてしまうと、都度1からのスタートになってしまう

○ トラブルの多い日本語URLの使用は避ける

URLに日本語を使うことはなるべく避けましょう。例えば、日本語URLはコピーしたときに https://www.example.com/%E8%A8%98%E4%BA%…のように異常に長い文字列になり、利用先ツールの文字数制限に引っかかる場合や一部のWebサービスやアプリ上で正しくリンクが機能しない場合があります。

▶ 日本語のURLのデメリット 図表50-6

✕ `https://www.example.com/セール/`

↓

`https://www.example.com/%E3%82%BB%E3%83%BC%E3%83%AB/`

コピーすると長い文字列に変換される

日本語の URL を使用するのはなるべく避けたほうがよいでしょう。

ページをURLだけで直接開けることが大切

検索エンジンにクロールしてもらいたいページが、ブラウザに直接URLを入力した場合に問題なく開けることは大切です。検索エンジンは通常リンクをクリックしながらサイトを回遊するのではなく、リンクやサイトマップから発見したURLに直接アクセスしてページの内容を確認します。その際、Cookieやローカルストレージの内容は都度クリアされるため、他のページを経由しないと正しく開けないページやログインを必要とするページは検索エンジンに正しく認識してもらえません。

ページ内のボタンをクリックしないとページ内容がソースに出力されないページやログインしないと見られないページも、検索エンジンは中身を見ることができません。

動的URLを避ける

URL内に「?」や「&」を含むURLのことを「動的URL」、含まないURLのことを「静的URL」と呼びます。また、静的URLのコンテンツがデータベースにより動的に生成されている場合には「疑似静的URL」と呼びます。
検索エンジンは以前より動的URLを理解できるようになりましたが、完全ではありません。なるべくトラブルが起こりづらい静的URLを使用することをおすすめします 図表50-7 。
動的URLはクロールバジェット（レッスン52参照）を大量に消費してしまうこと、重複コンテンツ（レッスン54参照）と見なされやすいこともおすすめできない理由の1つです。

▶ リンゴ一覧ページのURL例 図表50-7

動的 URL の例

```
https://example.com/list/?cat1=fruits&cat2=apples
```

静的 URL の例

```
https://example.com/fruits/apples/
```

同じページに対し複数のURLが存在するのはNG

動的URLを避ける理由はもう1つあります。例えば、リンゴの商品一覧を売れている順に表示するページのURLが「https://www.example.com/list/?cat1=fruits&cat2=apples」であるとします。

これを、「https://www.example.com/list/?cat2=apples&cat1=fruits」としても、大文字小文字違いの「https://www.example.com/list/?Cat1=fruits&Cat2=apples」としても、同じ結果になることがあります 図表50-8 。

しかし、これら3つのURLは、検索エンジンにはすべて異なるURLと認識され、サイト内に重複コンテンツがあることになってしまいます。疑似静的URLの「https://www.example.com/fruits/apples/」なら、順番や大文字小文字の違いも減らせてSEOリスクを低減できます。もし動的URLを使う場合はリンクに使用するURLのパラメータの大文字小文字、順番を統一して使うようにしましょう。

▶ 複数のURLが存在するリスク 図表50-8

フラグメント部分がないと開けないURLはNG

検索エンジンは通常、リンクによって発見したURLからフラグメント部分（#記号より後ろの文字列）を無視してページの内容を確認するため、クローリングしてほしいページで 図表50-9 のようなURLは避けましょう。

▶ フラグメント付きのURLは正しく認識されない 図表50-9

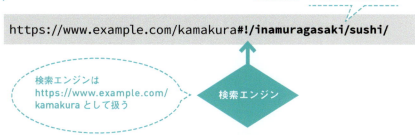

Lesson 51 ［リダイレクト］
やむを得ないURL変更時は適切なリダイレクトを実施しよう

このレッスンのポイント

あるURLを開こうとすると、別のURLに自動的に転送される仕組みのことをリダイレクトと言います。やむを得ずページのURLが変更になったときは悪影響を最小化するため適切なリダイレクトを実施しましょう。

◯ URLの変更が発生してしまうときの対応

前レッスンで解説したように、URLを変更することにはSEO上のリスクがあります。URL変更にともない古いURLが機能しなくなると、サイト利用者や検索エンジンは元のURLでページを開くことができなくなります。せっかく他サイトから張られたリンクも機能しなくなり、被リンクによる検索エンジンからのページ評価も失われます。これを避けるために、URL変更を行うときは古いURLから新しいURLに適切なリダイレクト設定を行う必要があります 図表51-1 。

なお、リスクがあってもURL変更が必要な状況とは、「会社名が変わってドメインを変更しなければならなくなった」「CMSの切り替えによりサイトのディレクトリ構造を変えざるをえなくなった」「商品のカテゴリ分けの変更により『スニーカー』ページを『シューズ』ページに統合することになった」などが挙げられます。

▶ リダイレクト 図表51-1

古いURLにアクセス

https://old-example.com/article/how-to-improve-seo/

 自動で新しいURLに転送

新しいURLでページを表示

https://new-example.com/article/how-to-improve-seo/

最近はリダイレクトをしても順位が落ちてしまう傾向が強いため、やはり極力URLを変更しないことがベストです。

○ リダイレクトは1対1が原則

URLが変わるときはその下層のURLも変更になることが多いでしょう。また、ドメインが変わればすべてのURLが変更の対象になります。その際は、図表51-2のように1つ1つのURLを対応する新しいURLにリダイレクトします。すべてまとめてトップページにリダイレクトするなど横着してはいけません。ユーザーにも不便ですし、順位も下落してしまいます。

▶ リダイレクトの転送先 図表51-2

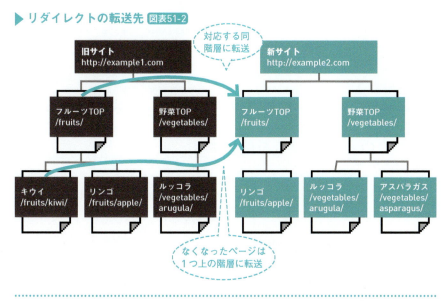

○ URL変更時は301リダイレクトを使う

リダイレクトにはいくつかの種類がありますが、URL変更時におすすめなのは「301リダイレクト」という方法です。ほかにもJavaScriptを使ってリダイレクトする方法などいくつかありますがサーバーリダイレクトが使えないときのみ利用しましょう。次ページ 図表51-3 で主なリダイレクトを解説します。さらに詳しく知りたい方は以下のGoogleのドキュメントを確認してください。

▶ リダイレクトによるSEOへの影響
https://developers.google.com/search/docs/crawling-indexing/301-redirects?hl=ja

> リダイレクト元のURLが廃止されるときは301リダイレクトと覚えましょう。

▶ 主なリダイレクトの種類 図表51-3

リダイレクト	有効度	特徴	用途
301	◎	サーバーリダイレクトの一種。旧URLが新しいURLに完全に置き換わったことを意味する	URL変更やドメイン移行、HTTPS移行時
302	○	サーバーリダイレクトの一種。ページが一時的に他のURLに移動になったことを意味する	メンテナンス中ページへの一時的な転送、スマホからPC版ページにアクセスされたときのスマホ版ページへの転送
meta refresh0秒	△	headタグ内に以下のようなタグを追加することでリダイレクトを行う方法 <meta http-equiv="refresh" content="0;https://new-example.com/aboutus">	サーバーリダイレクトが使えない状況で使うリダイレクト方法
JavaScriptリダイレクト	△	JavaScriptを利用したリダイレクト。他の手法と比べてページが開くまでやや遅いほか、Google アナリティクスのようなツールが流入元を上手く計測できなくなることがある	サーバーリダイレクトが使用できない状況、JavaScriptで動作するA/Bテストツールによるリダイレクト時

◯ リダイレクトの設定を確認する

リダイレクトを設定した後は必ず、実際に動作していることを自分の目で確認しましょう。この確認にはブラウザのデベロッパーツールを使用します。図表51-4では、Chromeブラウザを例に確認方法を解説します。

▶ 301リダイレクトを確認する（Google Chromeの場合） 図表51-4

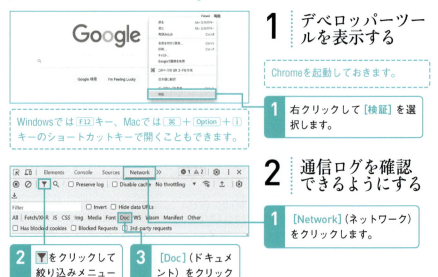

邪魔な通信が表示されているときは⊘をクリックして出力された通信ログをクリアします。

3 ページ移動してもログが消えないようにする

1 [Preserve log]（ログを保持）にチェックを入れます。

4 シミュレートする端末を選択する

チェック対象がスマートフォン向けのときはスマホを偽装します。

1 をクリックします。

2 [Dimensions :]（サイズ：）の箇所をクリックして偽装したい端末名を選択します。

5 リダイレクト元のURLを開く

リダイレクト元のURLにアクセスします。

1行目の[Status]欄に[301]と表示されていることを確認します。

2行目の[URL]欄に新URLが表示されていることを確認します。

2行目の[Status]欄に[200]と表示されていることを確認します（コンテンツがないページのときは[404]、メンテナンス中ページであれば[503]）。

👍 ワンポイント　301リダイレクトの設定方法

301を設定するには、サーバーがApacheの場合、.htaccess、mod_rewriteを使うのが一般的です。開発者がいない場合は.htaccessを使用してください。大規模サイトでは、開発担当者に相談しましょう。ASP.NETやAzureの場合、web.configを使います。

Lesson 52 ［クロールバジェット］

クロールバジェットを意識してサイトの設計を見直そう

このレッスンのポイント

検索エンジンのクローラーの能力は有限のため、高品質で重要なコンテンツが詰まっているサイトや情報が新鮮なページを優先して高速にクロールします。大規模サイトや更新性の高いサイトはクロールバジェットを意識しましょう。

○ すべてのサイトが等しくクロールされるわけではない

Googleがサイトを巡回（クロール）するために使用するクローラー「Googlebot」は限りあるリソース内で、優先的にクロールするコンテンツを選びます。このリソースやその制限のことを「クロールバジェット」と呼びます。例えばコンテンツの品質が高く、人気のあるページは優先的にクロールされますが、内容が重複あるいは類似性が高いページはリソースの無駄な消費を避けるためクロールが制限されます 図表52-1 。

▶ サイトの重要度でクロールの頻度は変わる 図表52-1

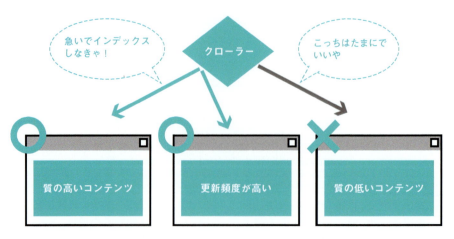

クロールバジェットはどうやって決まる？

クロールの頻度や量はサイトのテーマや規模、更新性などで決まります 図表52-2 。個人のサイトと大きなニュースサイトではクロールされる量や頻度が全く異なります。もう1つ影響するのがクロールされるサイト側のサーバー能力です。
検索エンジンはクロール中にページ速度が低下したりサーバーエラーが頻発した場合、サイトに過剰な負荷をかけないようクロール頻度を自動的に下げます。これはSearch Console（レッスン63参照）のクロールの統計情報レポートで確認できますので、問題がある場合は開発担当者に相談しましょう。

▶ 大規模サイトのクロールバジェット管理

https://developers.google.com/search/docs/crawling-indexing/large-site-managing-crawl-budget?hl=ja

▶ クロールバジェットの概念 図表52-2

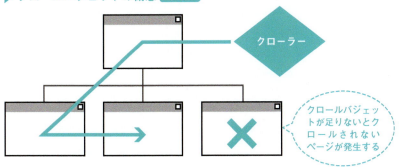

クロールバジェットが足りないとクロールされないページが発生する

サイトの評価が低いほど、クロールされないページが出てきてしまう可能性が増えてしまいます。

ワンポイント　Search Consoleでクロール状況を確認する

Search Consoleにはクロール状況を確認できる便利な機能があります。上でご紹介したページ全体のクロール状況についてわかるクロールの統計情報レポートのほかにも、URL検査機能（レッスン63参照）を使えば最後にクロールされた日時を確認できます。例えば最後のクロールが1カ月前の場合、クロール頻度が高くないページであることがわかります。

サイトの設計を見直してクロール効率を最大化する

残念ながら、クロールバジェットがいくつなのかを知る方法はありません。では、具体的に何をすればよいのでしょうか？検索結果に出す価値がある高品質なコンテンツをサイト内に増やすことが一番ですが、サイト内のページ数が比較的多い、中・大規模サイトの場合には、クロールバジェットの節約を図ることをおすすめします。以下のような方法でクロールバジェットの節約が可能です。対応できる部分がないか、開発担当者と相談しましょう。

「404」でクロールバジェットを節約する

404とはサイトにアクセスしたものの該当するページがないことを示すエラーメッセージです。削除されたページは、HTTPステータスコードとして、サーバーから404を返すことにより、クロールバジェットを節約できます。この設定が正しくできているかどうかをチェックするには、レッスン51で解説したデベロッパーツールでエラーとなるページを開いたとき、あるいはそのリダイレクト先のステータスコード（[Status]欄の値）が[404]になっているかどうかを確認します。[200]になっているサイトも見かけますが、そのようなページはソフト404と呼ばれ、クロールバジェットを消費します。

並べ替えページを同一URLにしてクロールバジェットを節約する

カテゴリの一覧ページ（レッスン30参照）での価格順などの並べ替えページは、訪問者にとっては必要ですが、検索エンジンにとっては並べ替える前のページと同じ内容なので不要なものとみなされます。並べ替えを変更したページでも同一URLのまま表示すればクロールバジェットを節約できます。「https://example2.com/fruits/」というページがあり、並べ替えのページが「https://example2.com/fruits/?sort=asc」というURLだとすると、後者のHTML内にcanonicalタグ（レッスン54参照）の記述をして前者のページと同一であることを宣言することもできます。ただしこの方法でのクロールバジェットの節約効果は限定的なので大規模サイトではrobots.txtで制御するとよいでしょう。

類似ページをクロールさせないでクロールバジェットを節約する

オートバイのヘルメットの販売で色ごとに型番が異なるような場合、ユーザーは全色を1ページで見たいと想定されます。もし、全色を一覧できるページと各色のページがそれぞれ別に存在するような場合には、各色のページは類似ページと認識されます。このようなページは、画面内での画像差し替え機能などを用いて、各色のページがクロールされないようにするとよいでしょう。

トラッキングパラメータ付きURLをやめてクロールバジェットを節約する

アクセス解析のためにサイト内リンクにトラッキングパラメータが使われることが多いですが、トラッキングパラメータ付きのURLはトラッキングパラメータなしのURLとは厳密には異なるので、クロールバジェットを消費してしまいます。並べ替えや類似ページほどパターンは多くないケースが多いですが、対策しておいてください。クロールバジェット節約のためには、サイト内リンクにトラッキングパラメータを使わずに例えばGoogleアナリティクスとGoogleタグマネージャーを組み合わせてリンククリックを計測するなどの方法を取るとよいでしょう。

ページネーションに注意する

ページネーション（レッスン30参照）は訪問者にも検索エンジンにも重要ですが、1ページ内に表示している情報の件数が少ないと、結果としてページ数が増え、クロールバジェットを消費してしまいます。このため、1ページに30件や60件など、閲覧しやすい限り多めの商品数を載せたほうがクロールバジェットの節約になります。また、ページネーションを実装するときはうっかり結果が何も表示されないページ番号のURLを無限生成してしまわないように気を付けましょう。クロールバジェットが無駄に消費されてしまいます。

サイト内検索結果ページに注意する

サイト内検索結果ページへのリンクがある場合は、サイト内検索結果がインデックスされてしまうことがあります。また、サイト内検索結果ページに「関連性の高い検索ワード」など別のサイト内検索結果画面へのリンクが含まれる場合、クローラーが無限にサイト内検索結果画面をクロールし続けるリスクがあり、非常に多くのクロールバジェットを消費してしまいます。サイト内検索結果ページからの流入がさほどない場合、もしくは新規サイトの場合は、次ページで解説するrobots.txtを使ってクローラーからのアクセスをブロックするとよいでしょう。

> クロールバジェットの問題解決にはテクニカルな対応だけでなく、サイト内にユーザーにとって有益なコンテンツを増やすことも重要です。

NEXT PAGE

robots.txtを使ってクロールを制限しよう

robots.txtにより、クロールされる必要のないページへの検索エンジンからのアクセスをブロックすることで、クロールバジェットを節約できます。例えばサイト内検索結果ページへのクロールをブロックしたい場合、図表52-3 のように記述してUTF-8形式で保存したテキストファイルをファイル名「robots.txt」で作成し、サイトのルートディレクトリに配置（https://（自ドメイン名）/robots.txt で見られる状態）すれば、robots.txtに従うすべての検索エンジンのクローラーに対応できます。robots.txtは、下記ヘルプページの仕様を把握して作成し、実装前に必ずテスターで動作確認しましょう。もし記述ミスがあったり、ページ表示に必要なJavaScript、CSS、画像、JSONファイルをブロックしてしまうと、検索エンジンはページの中身を確認できず、致命的な問題となる場合があります。また、クローラーにたどってほしいリンクのURLまでブロックしてしまわないように気を付けましょう。

▶ 検索結果ページへのアクセスをブロックするrobots.txtの作成例　図表52-3

https://example.com/search/?q={検索キーワード} のクロールが不要な場合

```
User-Agent: *
Disallow: /search/?q=
```

▶ robots.txt の概要とガイド
https://developers.google.com/search/docs/crawling-indexing/robots/intro?hl=ja

▶ robots.txt テスターでrobots.txt をテストする
https://support.google.com/webmasters/answer/6062598?hl=ja

robots.txt の仕様を勘違いして使った結果、問題が起きてしまうケースは少なくありません。ヘルプにしっかり目を通した上で活用しましょう。

ワンポイント　クロール制御へのnoindex、canonicalの効果は限定的

このあとのレッスンで解説するnoindex、canonicalタグを使うことでもページのクロール優先度を下げることができますが、これらのタグの目的はインデックスの制御や正規ページの指定であり、クロールをブロックする効果はありません。逆に、robots.txtにページのインデックスを防ぐ効果はありません。これらを併用することはできないので目的によって使い分けましょう。

ⓘ COLUMN

Webページの情報をAIに使われたくないとき

OpenAIのChatGPTやGoogleのGeminiなどのチャットボットは、インターネット上に公開された情報を学習や出力内容に活用しています。これにより、あなたのサイトの情報がより多くの人々に届くかも知れませんが、他方で、独自に制作したコンテンツなど情報をAIに使われることを望まない状況もあるでしょう。そんなときはrobots.txtに以下のような記述を追加することで、コンテンツの利用を拒否する意思表示が行えます。

OpenAI によるサイト内コンテンツの利用を拒否する robots.txt

```
User-Agent: GPTBot
Disallow: /
```

Google Gemini によるサイト内コンテンツの利用を拒否する robots.txt

```
User-Agent: Google-Extended
Disallow: /
```

Microsoft Copilotは執筆時点でrobots.txtによる拒否に対応していませんが、各ページのheadタグ内に以下のようなmetaタグを追加することで拒否できます。

Microsoft Copilot によるページ内コンテンツすべての利用を拒否するとき

```
<meta name="bingbot" content="noarchive">
```

Microsoft Copilot によるページ URL、ページタイトル、スニペットのみ利用可とするとき

```
<meta name="bingbot" content="nocache">
```

上記は執筆時点の対応法ですが、次々と新機能がリリースされるなど変化が激しい分野のため、最新の情報については下記のヘルプサイトも確認してみましょう。

▶ GPTBot - OpenAI API
https://platform.openai.com/docs/gptbot

▶ An update on web publisher controls
https://developers.google.com/search/docs/crawling-indexing/overview-google-crawlers?hl=ja

▶ Robots Metatags
https://www.bing.com/webmasters/help/which-robots-metatags-does-bing-support-5198d240

Chapter 7

技術的な問題を解決して優れたWebサイトを目指そう

Lesson ［インデックスの制御］
53 インデックスを制御する方法を知ろう

このレッスンのポイント

検索エンジンはサイトをクロールして見つけたページをインデックスして検索結果に掲載しますが、中には検索結果に出したくないページや、他に検索結果に出したいページが存在する場合もあります。その制御方法を解説します。

○ インデックスしてほしくないURLはどんなもの？

Webサイトはコンテンツを公開するために作るものなので、インデックスされたくない情報はパスワードで保護したり、そもそもサイトに置かなければよいのですが、「特別なキャンペーンのために作成したページ」「サイト内検索結果ページ」など検索エンジンの検索結果に載せたくないページが発生することがあります。このとき、headタグ内にnoindexタグ 図表53-1 を設置することで検索結果にページを載せることを拒否できます。
一方、検索結果にすでに出ているページの代わりに優先的にインデックスしてほしい類似ページがある場合は、noindexではなくレッスン54のcanonicalタグを利用します。また、noindexタグの入ったページへのクローラーのアクセスをレッスン52で解説したrobots.txtで拒否してしまった場合、ページがインデックスされてしまう場合があります。検索エンジンはrobots.txtに記載があるとページの中身を確認しないのでnoindexタグの存在に気が付くことなく、そのまま検索結果にページを表示してしまいます。

▶ noindexタグの作成例 図表53-1

```
<meta name="robots" content="noindex">
```

▶ noindex を使用してコンテンツをインデックスから除外する
https://developers.google.com/search/docs/crawling-indexing/block-indexing?hl=ja

インデックスの制御は間違えるとリスクが大きいので、どうしても必要な場合のみ対応しましょう。

● パターン別の最適なインデックス制御方法

パターン別に最適なインデックス制御の方法を 図表53-2 で紹介します。単にインデックスさせたくないページではnoindexを使えばOKですが、サイト内にほかに検索結果に出したい類似ページがある場合はレッスン54で紹介するcanonicalタグを、クローラーの制御が目的の場合はレッスン52のrobots.txtを使用します。具体的なシーン別の使い分けも、図表53-3 で紹介します。

▶ noindex、canonical、robots.txtの使い分け 図表53-2

制御方法	リンク評価	クロール制御	インデックス制御	使用用途
noindexタグ	×	△	○	検索結果に出したくない
canonicalタグ	○	△	△	類似ページの正規URLを指定したい（レッスン54参照）
robots.txt	×	○	×	クロールさせたくない（レッスン52参照）

▶ 状況別の対策方法 図表53-3

制御対象	方法
0件ページ	商品一覧のような一覧ページでその条件にヒットした件数が0件で表示できるコンテンツが存在しないページのときは、noindexで対応する。一覧ページ全体がクロールされる必要がないときはまとめてrobots.txtで対応する
低品質ページ	情報量が少なく、内容の薄いページが多数存在する場合はまずそれぞれのページ内のコンテンツの増強や差別化により品質を高めるとよい
メディアファイル	PDF、画像、動画、音声などのメディアファイルの場合はrobots.txtを使ってクロールを拒否、かつ検索結果に表示されないように制御できる
並べ替え 表示件数変更 細かい絞り込み	インデックスさせたくないときはcanonicalタグで重複を防ぐ。クロールバジェットの消費を抑えたいときは並べ替え時にURLに入る文字列をrobots.txtでブロックする
一貫性が保たれていないURL	同じページが 「https://www.example.com」 「https://www.example.com/index.html」 「https://example.com」 のように複数のURLで開ける場合はcanonicalタグを使ってもよいが301リダイレクトによるURLの統一を検討する
トラッキングパラメータ付きで開かれるURL	外部サイトからの流入詳細を知るためにトラッキングパラメータを使っている場合、パラメータ付きで開かれるページにcanonicalタグを設置して、トラッキングパラメータを含まないURLを正規ページとして指定する。サイト内リンクにトラッキングパラメータを使っている場合も同様だが、クロールバジェット消費につながるためサイト内リンクからパラメータ自体を排除することが望ましい
サイト内検索	サイト内検索は膨大なURLパターンができるので、robots.txtによるクロール制御が必要なケースが多い。ただしすでに流入を獲得している場合はいきなり制御するとトラフィックを失ってしまうため、注意が必要

Lesson **54** ［重複コンテンツ］
重複コンテンツに適切に対応しよう

このレッスンの
ポイント

> 検索エンジンは内容が類似しているページを重複コンテンツとして評価しません。それでは、目的のページを重複コンテンツとみなされず検索結果に表示させるためにはどうすればよいのでしょうか？ 対処方法を解説します。

○ 検索エンジンは重複コンテンツを評価しない

検索エンジンは同じ内容のページを複数表示することを嫌います。なぜならユーザーが検索結果をクリックしたときに1位のページも2位のページも内容が同じだったらガッカリするからです。クローラーの観点からも、同じようなページをクロールするのは負荷だけかかるので敬遠されます。そこで検索エンジンは「重複コンテンツ」という基準を設けました。重複には、他のサイト間での重複と自サイト内での重複の2種類があります。どちらにしても、検索エンジンはオリジナルと判断したコンテンツだけを評価し、重複コンテンツのページは検索結果に表示されにくくなります。以下に対処法を解説します。

▶ 検索エンジンの判断 図表54-1

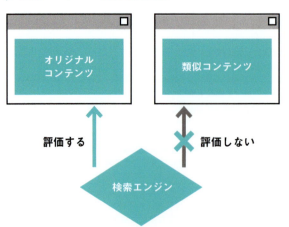

> 検索エンジン利用者の視点では検索結果に同じコンテンツのページが重複して表示されるメリットはありません。

canonicalタグでサイト内の類似ページを制御する

検索エンジンはサイト内で内容が類似・重複していると思われるページを発見した場合、その中から最も有用で代表的と判断したページのみを正規ページとしてインデックスして検索結果に表示、優先的なクロール対象とします。しかし機械による自動判断なのでサイト運営者が意図しないページのURLが正規ページとして選ばれてしまう場合があります。そんなときはcanonical（カノニカル）タグを使って検索エンジンに「これがオリジナルの正規版ページだよ」と提案することができるのです 図表54-2 図表54-3 。

あくまで提案のため採用されないこともありますが、重複ページが発生しそうなページには入れておくといいでしょう。

▶ canonicalタグの作成例 図表54-2

正式ページのURLを記入（必ずhttpから始まるURL全体を記入する）

```
<link rel="canonical" href="https://example.com/vegetables/">
```

▶ canonicalタグの効果 図表54-3

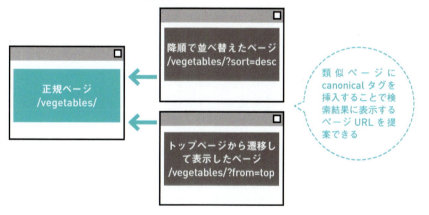

類似ページにcanonicalタグを挿入することで検索結果に表示するページURLを提案できる

▶ URL 正規化とは何か
https://developers.google.com/search/docs/crawling-indexing/canonicalization?hl=ja

重複ページの発生を防げればベストですが、サイトの運営上は仕方がないことが多いです。canonicalタグで検索エンジンの判断をアシストしましょう。

他サイト間との重複コンテンツの対応

自社サイト内のコンテンツをニュースサイトやポータルサイトへのOEMという形で他社に提供してコピーした情報を他サイトでも配信する場合がありますが、このとき、検索エンジンにコピー先のページがオリジナルとして評価されてインデックスされてしまい、自社サイトのページが検索結果に出なくなってしまう場合があります。このときの対応のポイントを 図表54-4 に挙げておきます。

▶ 重複コンテンツの可能性と対処 図表54-4

状況	対処法
他のサイトからOEMコンテンツ提供を受けている場合	提供を受けたコンテンツへの検索エンジンからの流入は期待できない。また、サイト内で提供を受けたコンテンツの割合が多い場合はオリジナル性の低いサイトとしてサイトそのものの評価が下がる場合もある。対処法は自サイト独自のオリジナル情報を付加すること
自サイトのオリジナルコンテンツを他サイトへOEMコンテンツとして提供している場合	相手方のドメインが強かったりインデックス速度が速い場合には提供先ページがオリジナルと判定されることがまれにある。この場合は、提供するコンテンツに、自分のサイト側で一致するページへのリンクを含めてもらうことで、自分がオリジナルであることを検索エンジンに通知できる。また自サイトのコンテンツは先にリリースし、検索エンジンにインデックスされたことを確認してから他サイトへ提供することも有効

自分の記事の内容を他サイトに無断でコピーされた結果、自分の記事が重複コンテンツとして扱われることもあります。これは著作権侵害にも該当します。対処法はレッスン43を参照してください。

Lesson 55 ［XMLサイトマップ］
サイトマップを正しく活用しよう

このレッスンの
ポイント

このレッスンではクロールしてほしいページやそれに付帯する情報を検索エンジンに伝えるためのサイトマップについて解説します。サイトマップ作成時に注意するべきポイントなども紹介していきます。

○ サイトマップとは

サイトマップとはRSSやXML、テキスト形式で作成されたWebサイト内の正規URLのリストとそれに付帯する情報を検索エンジンに伝えるためのファイルのことです。一般的にはXMLファイル形式で作成されます。通常は不要ですが、大規模なサイトや複雑なサイトでは通常のクロールでは発見することが難しいページや新着ページを検索エンジンに素早く伝えることに役立ちます。サイトマップは原則的に動的生成とし、開発部門の十分なサポートを受けて開発しましょう。正規URLではない重複ページのURL（レッスン54参照）や削除されて404になったURLなど、インデックスさせる必要がないURLをサイトマップに載せたままにしていると、かえって重要なページのクロールやインデックスを邪魔してしまうので常に更新され続けることが重要です。

不適切なサイトマップを使用するとSEOで重要なページのクロール頻度が下がってしまうことがあります。手動作成したサイトマップを古いまま放置しないようにしましょう。

サイトマップの利用が有効な状況

図表55-1 のような場合はサイトマップ以前にサイトの構造を改善すべきですが、サイトの改修が困難である場合には、サイトマップファイルによりインデックス状況を改善できる場合があります。ただし、効果は微々たるものなので、根本的な解決を先に行いましょう。

▶ サイトマップの利用が有効な例 図表55-1

❶ サイトに動的URLが多く含まれている

> クローラーは動的URLをあまり好まない。動的URLが多いと、クローラーが全URLを巡回しきれないことがあるが、サイトマップがあれば、インデックスさせたいすべてのURLの存在を検索エンジンに知らせることができる。

❷ クローラーが認識できるリンク経由ではアクセスできないページがある

> JavaScriptやフォーム送信により遷移するリンクの場合はクローラーが発見することが難しい。このときURLでページを開くことができる場合はXMLサイトマップでクロールを促すことができる。ただし昨今はURLを送るだけではインデックスされないことも多く、クローラーがたどれるそのURLへのリンク設置が必要となるので、内部リンクの見直しもあわせて行うとよい。

❸ サイトが新しく、他のサイトからのリンクが少ない

> サイトを新規ドメインでリリースした場合、他のサイトからのリンクが少ないと、なかなかクロールが進まない場合がある。サイトマップファイルを送信すれば、クロール効率を改善できる場合がある。

❹ サイトに多くのリッチメディアコンテンツ（画像や動画）が含まれており、Google画像検索・動画検索・Googleニュースなどにヒットさせたい

> 画像、動画やニュースコンテンツなどはGooglebotのクロールだけでは、Googleに十分な情報を伝えきれないことがある。これらのコンテンツそのものがサイトの主要コンテンツである場合、サイトマップでそれぞれのコンテンツをアノテーション（追加情報の提供）する。

> サイトマップを複数のファイルに分割して作成するとSearch Console上でそれぞれのファイルごとにクロールやインデックスの状況を確認できます。このため、「カテゴリページのみ」「記事詳細ページのみ」のようにファイルを分割すればページ種別ごとにクロール状況・インデックス状況が確認できて便利です。

● サイトマップファイルの作り方

サイトマップファイルはサイトマッププロトコル（https://www.sitemaps.org/ja/）とGoogleのガイドラインに基づいて作成します。サイトマップを作成したら、Search Console（レッスン63参照）を使用

するかrobots.txtファイルに 図表55-2 を追記することでGoogleに送信できます。Search Consoleではサイトマップのステータスや統計情報が表示されるようになるので、必ず両方対応しておきましょう。

▶ robots.txtへの追記 図表55-2

```
Sitemap: https://example.com/sitemap_location.xml
```
└─ URL部分は自分がアップロードしたサイトマップのものにする

▶ サイトマップについて

https://developers.google.com/search/docs/crawling-indexing/sitemaps/overview?hl=ja

● XMLサイトマップ作成時に注意すべき仕様

XMLサイトマップ作成で忘れられがちな大事な仕様をいくつかご紹介します。

▶ XMLサイトマップ作成時の注意点 図表55-3

対象	注意すべき仕様
URL	• httpから始まるURL全体（絶対URL）を使用する • 正規URLのみを載せる。余分なパラメータを含めたり404のページを載せたままにしない • URLに含まれる次の記号はあらかじめUTF-8エンコードが必要：アンパサンド記号（&）、一重引用符（'）、二重引用符（"）、不等号記号（<, >） • URLの文字数は2,048文字まで
lastmod	ページの公開日かページ内の主要なコンテンツの最終更新日を載せる。正確な情報を載せることができないならlastmod自体を使用しない
ファイル	UTF-8の文字コードで保存。ファイルサイズは50MB以下。URL数（loc要素の数）は1ファイル内50,000件まで。制限を超える場合はサイトマップを複数のファイルに分割作成し、サイトマップのURLをまとめたサイトマップインデックスファイルを作成する

Q&A
サイトマップファイルを送信すると検索順位は上がりますか？

XMLサイトマップは検索順位には影響しません。あくまでも、優先的にクロールさせたり、サイトの奥深い場所まで

でしっかりクロールさせたりするためのものであると心に留めておいてください。

Chapter 7 技術的な問題を解決して優れたWebサイトを目指そう

Lesson 56 ［スマホ版サイト］
スマートフォン向けサイトを正しく構築しよう

このレッスンのポイント

スマートフォンユーザーがPCより増えた現在、スマホサイトの対応は重要です。Googleもモバイルファーストインデックス（MFI）によりスマホ版のページを優先して評価するようになりました。

○ スマホ版サイトの3つの実装方法を理解しよう

スマホ版サイトをPC版サイトと一緒に構築する場合、大きく3種類の実装方法があります。Googleが推奨しているのは実装と維持が簡単な「レスポンシブWebデザイン」ですが、特に大規模サイトでは「ダイナミックサービング」が採用されているようです。また「セパレート」はSEO上の問題が起きることが多くGoogleも推奨していないため、避けることをおすすめします。

①レスポンシブWebデザイン

コンテンツを表示するユーザーのデバイスに関係なく、同じURLで同じHTMLを配信します。ユーザーのデバイスの画面サイズによって異なるCSSのルールを使用し、各デバイスでのページのレイアウトを変える方法です 図表56-1 。実装方法によってはページを表示しているデバイスに関係ないコンテンツも読み込んでしまいパフォーマンス面で不利になる場合もあります。

▶レスポンシブWebデザインは同じURLで共通のコンテンツを表示する 図表56-1

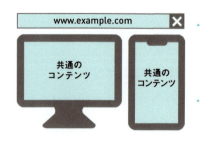

②ダイナミックサービング(動的配信)

コンテンツを表示するユーザーのデバイスに関係なく、同じURLでコンテンツを表示しますが、デバイスの種類に応じて、サーバーが最適なHTMLおよびCSSで作成されたコンテンツを配信する方法です 図表56-2 。

▶ ダイナミックサービングは同じURLで別々のコンテンツを表示する 図表56-2

③セパレート(別々のURL)

PC版とスマホ版のコンテンツを、それぞれ別々のURLで配信します 図表56-3 。この設定方法では、コンテンツを閲覧するブラウザのユーザーエージェントから判別して、適切なコンテンツにリダイレクトします。別々のURLの例としては、PC版のコンテンツが「www.example.com」で、スマホ版のコンテンツを「m.example.com」で配信するサブドメイン形式や、PC版のコンテンツが「www.example.com」で、スマホ版のコンテンツを「www.example.com/sp/」で配信するサブディレクトリ形式があります。

▶ セパレートはPC版とスマホ版で別のURL、別のコンテンツを表示する 図表56-3

NEXT PAGE

● PC版とスマホ版のコンテンツ内容は揃える

PCとスマホのページでコンテンツの内容に差分が出ないようにしましょう。PC版サイトにのみ存在してスマホ版サイトにない要素はGoogleに適切に評価されませ

ん。PC版コンテンツがスマホ版ページに収まらないときはアコーディオンメニューやハンバーガーメニューの利用を検討しましょう（レッスン28、29を参照）。

▶ **スマホ版ページ作成時の注意点** 図表56-4

分類	RFP項目
title、meta description	PC版・スマホ版の両ページで同じものを使う。最適な文字数や、作成のポイントはレッスン33を参照
構造化データマークアップ	スマホ版ページにも忘れずに構造化データのマークアップすること。構造化データについてはレッスン34を参照
JavaScript・CSS	スマホ版ページで使用しているJavaScript、CSSや画像等へのアクセスを検索エンジンのクローラーにも許可すること。アコーディオンメニューなどでのJavaScript利用時の注意についてはレッスン29を参照
Vary HTTPヘッダー	ダイナミックサービングやセパレート型を利用するときはVary HTTPヘッダーを使うことで、デバイスの種類に応じてサーバーが返すコンテンツが変わることを検索エンジンにも伝えられる ▶ Vary - HTTP | MDN https://developer.mozilla.org/ja/docs/Web/HTTP/Headers/Vary

● セパレート型は注意点が多い

セパレート型でスマホ版ページを作成するときは注意すべき点が増えます。

図表56-5 や下記ヘルプに照らし合わせて漏れがないか確認しましょう。

▶ **セパレート型を使うときの注意点** 図表56-5

分類	RFP項目
リダイレクト	PC版ページがスマホで開かれたときにPC版ページと同じコンテンツを持っているスマホ版ページに適切にリダイレクトするように設定する。このときのリダイレクトは302リダイレクトが理想的
カノニカル	PC版ページとスマホ版ページのheadタグ内でcanonicalタグを使い、両方ともPCページのURLを正規ページとして指定する 例：<link rel="canonical" href="https://www.example.com/apple/">
アノテーション	正規ページとなるPCページのheadタグ内にて、異なる画面幅を持つスマホ向けの別URLが存在することをクローラーに伝える 例：<link rel="alternate" media="only screen and (max-width: 640px)" href="https://m.example.com/apple/">

▶ **モバイルファーストインデックスに関するおすすめの方法**
https://developers.google.com/search/docs/crawling-indexing/mobile/mobile-sites-mobile-first-indexing?hl=ja

Lesson 57 ［ページの表示速度］
ページの表示速度を調査して改善しよう

このレッスンのポイント

ページの表示速度はSEOだけではなく直帰率や回遊率、コンバージョン率に影響することが多くの調査によりわかっています。遅いページを改善することは購入・申し込みなどのアクションの改善にも貢献するでしょう。

○ 表示速度を改善してユーザー体験を向上させる

皆さんはページがなかなか表示されず、閲覧を諦めたことはありませんか？ ページ速度の改善はSEOだけではなく回遊率や受注率のような数字にも良い影響を与えます。SEOの面ではGoogleは実際のサイト利用者の体感速度を重視しており、2021年6月に「ページエクスペリエンスアップデート」を運用開始し、この体感速度を「Core Web Vitals（ウェブに関する主な指標）」という指標で評価するようになりました。Core Web Vitalsでは「読み込みパフォーマンス」「視覚的安定性」「応答の速さ」の3つの観点からサイトのユーザーエクスペリエンスを評価します 図表57-1 。具体的には、LCP、CLS、INP（2024年3月よりFIDから変更）の3つの指標になります。

▶ Core Web Vitalsの指標 図表57-1

NEXT PAGE → 213

読み込みパフォーマンス - 対応する指標：Largest Contentful Paint（LCP）

サイト利用者の体感に近いページ表示速度を表す指標で、URLにアクセスして表示されるページ内で最も大きな要素の表示にかかる時間で計算されます。遅延読み込みや非同期読み込みなどを使って最初に表示される画面に係わる内容の読み込みをできるだけ優先・効率化したり、ページ表示を遅くしている処理を解消することで数値改善が期待できます。

▶ Largest Contentful Paint を最適化する
https://web.dev/articles/optimize-lcp?hl=ja

画像の表示最適化は、簡単にできるページ高速化施策の１つです。

視覚的安定性 - 対応する指標：Cumulative Layout Shift（CLS）

ページを見ている最中に文章やボタンの位置が突然ズレて読んでいた文を見失ったり意図せずボタンをクリックしてしまったことはありませんか？ CLSは表示中の要素のズレがどの程度発生したかを評価する指標で、画面全体に占める割合の高い要素が大きく移動するとそれだけスコアが悪化します。画像などページ表示後にサイズが変わる要素やそれを囲む要素にあらかじめwidthとheight属性を付ける、CSSのaspect-ratioを活用する等の方法で対策できます。

▶ Cumulative Layout Shift の最適化
https://web.dev/articles/optimize-cls?hl=ja

応答の速さ - 対応する指標：Interaction to Next Paint（INP） First Input Delay（FID）

ユーザーがクリック、タップ、キーボード入力などを行った後、ページがその操作に応答するまでの時間です。応答の速さの評価にはユーザーによる最初の操作だけを対象としたFIDが使われていましたが2024年3月よりすべての入力の中で最も時間がかかった応答を評価するINPに置き換わりました。

▶ Interaction to Next Paintの最適化
https://web.dev/articles/optimize-inp?hl=ja

▶ First Input Delayの最適化
https://web.dev/articles/optimize-fid?hl=ja

◯ 表示速度をPageSpeed Insightsで確認する

ページの表示速度をチェックできる方法はいくつかありますが、最も手軽でおすすめできるのはGoogleが提供するPageSpeed Insightsです 図表57-2 。URLを入力するだけで実際のサイト利用者から集められたCore Web Vitalsの数値、スコアリングされたパフォーマンス情報、わかりやすい改善提案を簡単に確認できます。

▶ PageSpeed Insights 図表57-2

https://pagespeed.web.dev/?hl=ja

Webページの URL を入力して［分析］をクリックすると、ページスピードを検証した結果が表示される

PageSpeed Insights の改善提案の中で実現可能なものから対応していきましょう。

◉ 非公開のページ確認にはLighthouseが使える

PageSpeed Insightsによる調査は非公開のページやログインが必要なページでは利用できませんが、Google Chromeのデベロッパーツールにある「Lighthouse」を使えば同様の調査を実行できます。

得られる結果項目はPageSpeed Insightsとほぼ同じですが、結果の数値は大きく違います。その理由は、PageSpeed InsightsはGoogleが用意したクラウドサーバーから評価を行いフィールドデータ（Chromeユーザーから収集された実際のデータ）の数字を表示するのに対し、Lighthouseは自分自身のPCからページにアクセスして評価を行うためです。このためLighthouseの結果は自身の端末スペックや通信環境の影響を受けます 図表57-3 。

▶ Lighthouseでチェックする（Google Chromeの場合） 図表57-3

① Windows は F12 キー、MacOS は ⌘ + Option + I キーでデベロッパーツールを開く

② ［Lighthouse］をクリックして表示される［Analyze page load］ボタンをクリック

③ 分析を実行すると、図のように分析結果が表示される

◉ Search Consoleで問題のあるページを発見する

PageSpeed InsightsやLighthouseでは個別のページ単位でしか調査を行えませんが、Search Consoleの「ウェブに関する主な指標」レポートを開くと、サイト全体の中からCore Web Vitalsで問題があると評価されたページの一覧を確認できます 図表57-4 。

▶「ウェブに関する主な指標」レポート 図表57-4

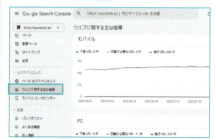

Lesson 58 ［JavaScriptの利用］
SEOにおけるJavaScript利用時の注意点を確認しよう

このレッスンのポイント

ここ数年で主要なクローラーはJavaScriptを使ったページを理解できるようになりましたが、実装によってはうまく認識されない場合もあります。SEO担当者だけでは対応が難しい部分が多いので技術者の協力を得ながら解決していきましょう。

○ JavaScriptとは

JavaScriptとはブラウザ上で実行されるプログラムで、スマホ版サイトの普及とともにその利用も増えています。例えばCSR（Client-Side-Rendering）を使った動的ページではページ描画に必要な処理と通信をブラウザ上で動作するJavaScriptが行っています。その他、利用者の操作によりメニューを開閉するアコーディオンメニューやスクロールに連動してページの下部にコンテンツが追加される無限スクロールを実現するためにもJavaScriptが利用されます。現在のSEO対策においてはJavaScriptの理解とクローラーに認識されているかの確認が必須ということを理解しましょう。

▶ JavaScriptがブラウザで実行される仕組みの例　図表58-1

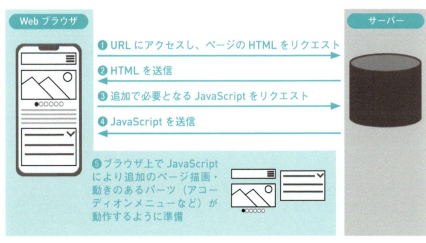

◉ JavaScriptを利用する時のSEO上の注意

現在のGoogleやBingなどの主要な検索エンジンは、最新のブラウザと同じようにページを表示することができるため、SPA（シングルページアプリケーション）のようなJavaScriptに描画を頼るページでも内容を理解できます。しかしあらゆる状況に対応できるわけではありません。気を付けるべき状況を見ていきましょう。

ユーザー操作により出力されるコンテンツは認識されない

通常、クローラーは実際のサイト利用者のように各要素をクリックしたり、スクロールしたりして何が起きるか確かめることはないため、JavaScriptの処理によりクリック時にコンテンツに出力されるテキストやリンクは認識されません。代わりに、コンテンツをページ読み込み時にdisplay:noneのようなスタイル指定により非表示状態で出力しておき、クリック時に表示状態に切り替わる方法であれば問題なく認識してもらえるでしょう。

クローラーがアクセスできないリソースに依存するコンテンツは認識されない

外部JavaScriptファイルによってページ内に出力されるコンテンツもクローラーは評価できますが、外部JavaScriptファイルをクローラーが利用できることが条件です。
robots.txtなどによりクローラーからのアクセスが制限されたリソースに依存するコンテンツは認識されません。

JavaScriptリンクはクローラーとの相性が悪い

検索エンジンが認識できるリンク先は原則、a要素のhref属性値に記載されたURLのみです。このため、クリック時にJavaScript処理でページ移動する先のURLを検索エンジンが認識することは、通常ありません。

▶ 検索エンジンが認識することが難しいリンク　図表58-2

a 要素以外で実装されたリンク

✕
```
<button onclick="location.href='https://example.com/category/'">カテゴリ</button>
```

a 要素で実装されているが href 属性に URL が記載されていないリンク

✕
```
<a href="javascript:void(0)" onclick="location.href='example.com/category/'">カテゴリ</a>
```

> 検索エンジンに認識してもらう必要がないリンクはJavaScript リンクのままでも問題ありません。

レイアウトのずれ（レイアウトシフト）が起きないように気を付ける

JavaScriptによって後からページに追加された要素にすでに描画された要素が押しのけられてしまうと、レッスン57で説明したレイアウトのずれが発生してUXを損ないます。対策として、JavaScriptによって要素が挿入される位置にあらかじめ高さを確保しておけばレイアウトシフトの発生を防げます。

▶ JavaScriptのコンテンツの挿入によるレイアウトずれの発生　図表58-3

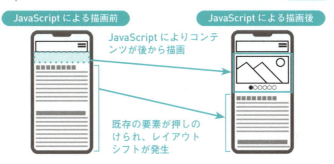

遅延読み込みは検索エンジンが認識できる形で実装する

遅延読み込みは、スクロールしないと見えない領域の画像などの読み込みを遅らせることにより最初のページ表示を高速化するテクニックです。Googleは超縦長のブラウザでページ内容を確認するため、スクロールに反応する方法で遅延読み込みを実装するとうまく認識されません。

そのため、JavaScriptを使わないネイティブLazy Loadと呼ばれる方法を利用するか、JavaScriptで実現する場合はIntersection Observerに対応した方法を使いましょう。また、最初に表示されるページ領域内には遅延読み込みを実装しないようにしましょう。かえって表示を遅くします。

▶ ネイティブLazy Loadの実装例　図表58-4

```
<img loading="lazy" width="400" height="200" src="/img.png">
```

▶ 遅延読み込みを使用して読み込み速度を向上しましょう
https://web.dev/lazy-loading/

ページが検索エンジンに正しく認識されているか確認する

Search Consoleの「URL検査」機能を使ってGoogleがどのようにページを認識しているかを確認しましょう。特にカルーセル、アコーディオン、ハンバーガーメニューのようなパーツや遅延読み込みを利用している箇所の確認は大事です。「URL検査」ツールの使い方はレッスン63で解説しています。

Lesson **59** ［ページネーション］
ページネーションをSEOに最適化しよう

このレッスンの
ポイント

> 記事や商品が一覧で並んでいるページなど、2ページ目や3ページ目があるページネーションは、近年検索エンジンに認識されないケースが増えてきています。SEO的なベストプラクティスを把握して対応しましょう。

○ 一覧ページのUIパターンには何がある？

商品や記事などが多いサイトの一覧ページでは一度にすべての結果を読み込むことは現実的ではないため、主に以下の3種類のパターンで表示されることが多いです。PCサイトではページネーションがほとんどでしたが、スマホサイトの普及とともに「もっと見る」や無限スクロールが増えてきています。

▶ 一覧ページのUIパターン　図表59-1

ページネーション

ページ分割やページ送りを実現する方法のこと。コンテンツをいくつかのページに分割し、各ページ番号のページに移動できるリンクを配置するパターン

「もっと見る」ボタン

一覧の末尾に「もっと見る」のようなボタンを配置するパターン。利用者がボタンをクリックするとコンテンツの続きがページに追加される仕組み

無限スクロール

「もっと見る」と似ているが、こちらは利用者がページ末尾までスクロールしたタイミングで、自動的にコンテンツの続きがページに追加される仕組み

○ SEO的にはページ分割がベスト

通常、検索エンジンはクロールする際ボタンをクリック、ページスクロールをしないため、「もっと見る」ボタンや無限スクロールを採用した一覧ページで最初のページ読み込み時に出力されなかったリンクは、認識しません。例えば100件の商品ページがあるサイトの一覧ページが無限スクロールで実装されていると、多くの場合検索エンジンが認識できるのは最初にページに出力された20件程度のみになります。大半の商品ページへの被リンクが認識されず、商品が少ないサイトだと認識されサイト評価が落ちてしまう懸念もあります。つまりSEO的にはページネーション（ページ分割）がベストです。実装例はレッスン30を確認してください。

○ canonicalで1ページ目に正規化しない

ページネーションの2ページ目以降をすべて1ページ目にcanonicalタグで正規化しているケースをよく見かけます。これは無限スクロールと同様、2ページ目以降に含まれているコンテンツがうまく評価されなくなる場合があるのでおすすめできません。ページ分割したときの1ページ目と2ページ目は別のコンテンツになっているはずなので、レッスン33で解説したようにtitleなどを差別化すればよいのです。

○ 無限スクロールやもっと見るボタンを利用したいとき

これらをどうしても利用したいときはページネーションのリンクも一緒に実装して追加で読み込まれるコンテンツを各ページ番号のURLで直接開けるようにすれば問題の発生を回避できます 図表59-2 。

また、「もっと見る」クリックで表示される情報量が限られている場合は、追加表示用のコンテンツをあらかじめHTML上に読み込み、スタイル指定により非表示状態で出力しておく対応も可能です。

▶ 無限スクロールとページネーションを組み合わせた実装例 図表59-2

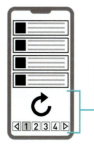

無限スクロールとページネーションのリンクを合わせて実装すれば、スクロールを行わない検索エンジンのクローラーも2ページ目以降のコンテンツを評価することが可能

▶ 検索エンジンとの相性を考慮した無限スクロールのベストプラクティス
https://developers.google.com/search/blog/2014/02/infinite-scroll-search-friendly?hl=ja

質疑応答

Q ページを高速化すれば検索順位を改善できますか？

A 直接的な効果は期待できませんが、間接的に順位に貢献することがあります。

検索エンジンの目的は、利用者の検索意図と関連性が高い有用な結果を提供することなので、最も重要なのはコンテンツの内容です。このため、ページの速さは通常順位に影響しませんが、競合サイトと比較して極端に遅い場合には影響が出ることもあるので見直したほうがよいでしょう。

一方で、SEOのための速度改善ではなく、ユーザーのために改善することには意味があります。ユーザーの検索体験が向上し、もちろんコンバージョンなどのアクションにもつながりやすくなります。その結果なのか実際に順位が改善した事例も確認しており、結論として、速度改善はユーザー体験改善の取り組みの1つとしてSEOに効果があると筆者は考えています。

その他、クロールバジェットの問題を抱えているサイトではクローラーが時間あたりに読めるページ数が増える効果も期待できます（レッスン52参照）。いま一度ご自身のページを確認してみて、遅いと感じる場合にはPageSpeed Insightsを使って速度の改善に取り組みましょう（高速化はレッスン57を参照）。

Chapter 8

SEOの効果を分析して さらなる改善を 進めよう

最後にSEOの効果を確認していきましょう。効果を分析すると、サイトの中で改善が必要な部分も見えてきます。分析と改善のサイクルでSEOの効果をより高めていきましょう。

Lesson **60** [SEOの効果検証]

SEOの効果は数字で検証しよう

このレッスンのポイント

SEO施策はやって終わりではなく、結果を確認して次の課題を見つけることが大切です。長期にわたって変化するSEOに関わる数値を確認できるよう、分析の準備を行いましょう。少しずつ改善していく数値が目に見えるのは楽しいですよ。

○ 緩やかな成長を目指す

よく「SEOの効果はどのくらいで出ますか?」と聞かれます。SEOの効果が出るタイミングはサイトごとに違います。新規ドメインか、既存URLか、大規模サイトか、個人サイトか、どんな変更を行ったかなど、要因によって様々です。例えば既存ドメインのチューニングなら、早ければ翌週から早速検索からの訪問者が増加することもあります。またサイトの作りだけでなく、ユーザーが訪問して満足してくれるか、リピートしてくれるか、サイトの外で話題になっていくか、といった要素も加味されるので、安定して増加するまでには時間がかかります。完全に効果が出るまで1年は見ておくとよいでしょう。ただし、いったん効果が出るとサイトの内容を変えない限り効果が持続します。そういう意味ではSEOは投資対効果が非常に高い集客方法なのです。

▶ 目標とすべきSEO効果の推移イメージ 図表60-1

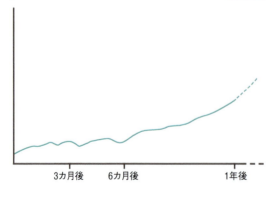

SEOの効果は急に現れるものではないので長期的な視点で追っていく必要があります。

●「順位」だけでなく「サイトの利用状況」を見る

検索順位を追うことも1つの指標にはなりますが、それ以上にGoogleアナリティクスのような計測ツールで訪問者数の変化を確認することをおすすめします。自然検索の流入がどのくらい増えたか、訪問が増えたのはどのようなページか、流入は増えても直帰されたり、購入率が下がっていないかなど、いろいろな観点から状況を把握することで、問題が見つかることもあります。

また、検索エンジンからの流入キーワードはGoogleはSearch Console、BingはBing Webマスターツールの「検索パフォーマンス」レポートで確認できます（前者についてはレッスン64参照）。サイト名以外のキーワードの流入がどのくらい増えたか、デバイスごとの流入キーワードはどのような傾向かなど様々な分析が可能です。

▶ SEOの効果は数字で追っていこう 図表60-2

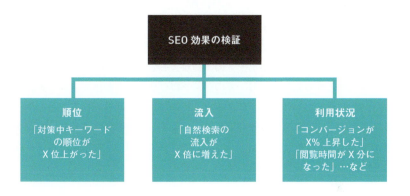

▶ SEOの効果検証に使われる代表的なツール例 図表60-3

ツール名	主な用途
Google Search Console	Google検索からの流入状況やSEO上の問題の調査
Bing Webマスターツール	Bingからの流入状況やSEO上の問題の調査
Googleアナリティクス	ユーザー数やページビュー数のようなサイトの利用状況の定量分析

Lesson ［効果検証の準備］
61 SEOの効果を測る準備をしよう

このレッスンの
ポイント

効果を検証するには事前に準備が必要です。まずはGoogleアナリティクスとSearch Consoleの登録、SEO対策前の検索順位の計測から始めましょう。効果検証のためにも、対策前の現状を把握しておくことが必要です。

◯ Googleアナリティクスの準備

SEO効果を測るためのツールは施策前に必ず導入しておきます。本書で解説するGoogleアナリティクスは、Webサイトのどのページにどこから訪問があり、どのような行動を行ったかを計測できるGoogleのツールで、基本的には無料で利用できます（有料版もあります）。

すでにGoogleアナリティクスが入っているサイトでも全ページにトラッキングコード（訪問者の計測に使用するコード）が入っているかを必ず確認してください。プログラムで自動生成される動的ページではコードを貼り忘れることもないと思いますが、自動生成されない静的ページでは意外とコードの貼り忘れがあるものです。

▶ SEOの効果検証はGoogleアナリティクスで行う 図表61-1

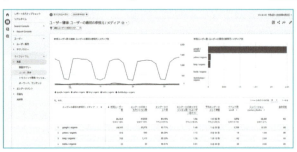

Google アナリティクスの設定についてはレッスン66で解説します。

▶ Googleアナリティクス
https://marketingplatform.google.com/intl/ja/about/analytics/

Search Consoleの準備

Search Consoleとは、Googleが提供するWeb担当者向けツールです。構造化データ（レッスン34参照）のエラーやGoogleから手動による対策を受けた場合（レッスン38参照）のメッセージもここに届きます。クロールのエラーなど課題も把握することができるので、必ず準備しておきましょう。図表61-2 に設定方法について説明します。

▶ Search Consoleを導入する 図表61-2

Googleアカウントにログインした状態で以下のURLにアクセスします。
https://search.google.com/search-console/welcome

1 Webサイトを追加する

1 ［URLプレフィックス］にURLを入力します。
2 ［続行］をクリックします。

2 Webサイトの所有権を確認する

1 手順に従って自分がサイトの管理者であることを証明します。

確認が完了すれば利用できるようになります。

👍 ワンポイント　プロパティの追加とサイトの所有権の確認

Search Consoleでは、プロパティの追加方法として「ドメイン」というタイプも選べます（図表61-2 の手順1の画面）。httpまたはhttps、wwwの有無やサブドメインなど異なるURLをまとめて計測できるので便利ですが、所有者確認のためにDNS設定を行う必要があります。

ここでは従来のように、URLを入力する場合を解説しています。いずれの方法でも、自分がサイトの管理者かどうかの確認が必要です。URLを指定した場合、手順2の画面から複数の確認方法が選べます。開発担当者に確認してください。

NEXT PAGE | **227**

● SEO施策前の検索順位を計測しておく

検索順位だけに依存するのはいけませんが、やはり順位の推移も追っておく必要があります。必ず施策前の順位を計測しておきましょう。数十から数百の対策したいキーワードで順位を計測します。その際に特定のキーワードでどのURLがヒットしたのかを「ヒットURL」として必ず記録しておきましょう。そのキーワードでヒットすると期待したURLや対策したURLがヒットしない場合は、「構造認識がうまくいっていない」「サイト内に類似ページが多数ある」など、何か課題があります。順位の計測ツールは無料、有料の様々なものが提供されています。さほど量が多くなければSearch Consoleの検索パフォーマンスの「掲載順位」を確認しましょう（レッスン64参照）。また、無料の順位確認ツールであればGRCがよく使用されているようです。

▶ 検索順位チェックツールGRC
https://seopro.jp/grc/

順位は、図表61-3のように週ごとに記録しておくとGoogleのアップデートがあったときに上下変動が確認でき、参考になります。実際に検索して順位を確認する際はパーソナライズの影響を避けるため、念のためブラウザのシークレットモードを使いましょう。Chromeブラウザでは、Windowsは Ctrl + Shift + N キー、Macは ⌘ + Shift + N キーでシークレットモードを起動できます。

👍 ワンポイント　順位だけではなく実際の検索結果画面にも注目しよう

高い順位を獲得しているからといって必ずしも多くの流入が得られるとは限りません。レッスン6で解説したようにここ数年の検索結果には標準フォーマットの結果（タイトルとスニペット）以外にも様々な要素が表示されるようになってきているため、例えば順位が1位でもそれより上に広告や画像などが出るようになると流入が減ってしまいます。順位だけを見ていると流入減に気付かないことがあるため、順位と一緒に流入数と実際の検索結果も必ずセットで確認することを推奨します。
実際の検索結果画面を考慮した順位のモニタリングには有償ですがDemand Metricsというツールがおすすめです。

▶ DemandMetrics
https://www.demandsphere.jp/

▶ 検索順位を計測して記録する 図表61-3

ヒットURLの確認 / 週ごとに検索順位を記録

キーワード	ヒットURL	1月6日	1月13日	1月20日
湘南　グルメ	http://www.example.com	32位	32位	28位
鎌倉　寿司	http://www.example.com/kamakura/sushi/	19位	17位	15位

● Bing Webマスターツールの準備

PCからの閲覧が多いB2BのようなサイトではBing検索結果のモニタリングも重要です。2021年に公開されたWindows 11のデフォルト検索エンジンがBingとなっているため、B2BのようなPCからの閲覧が多いWebサイトではBingからの流入がYahoo!JAPANを上回るケースも多数見られます。Bingの検索キーワードなどが確認できるBing Webマスターツールの準備も合わせて行いましょう。

▶ Bing Web マスターツール 図表61-4

▶ Bing Webmaster Tools
https://www.bing.com/webmasters/

> 新規サイトのリリース前にSearch Console、Bing Webマスターツールと Google アナリティクスの準備を終わらせておきましょう。Search Console はサイト全体を見るプロパティのほかに、/column/ など注目したいディレクトリ単位でもプロパティを登録しておくとあらかじめ必要なデータのみがすぐに確認できて便利です。

Lesson 62

[サイトの状態の確認]

Search Consoleでサイトの状態を確認しよう

このレッスンのポイント

ここからは、Search Consoleを使ったサイトの確認方法を解説します。SEOの効果検証としてチェックしておくべきポイントを把握しましょう。様々な機能がありますが、サイトの状態の把握としてよく見るレポートを紹介します。

Chapter 8　SEOの効果を分析してさらなる改善を進めよう

○「サマリー」でおおまかに把握する

Search Consoleを利用できるようになると、図表62-1のように表示されます。まずは左側のメニューで［サマリー］をクリックし、全体のサマリーレポートを確認しましょう。ここには、検索のクリック数がわかる「検索パフォーマンス」、インデックス状況がわかる「インデックス作成」、Core Web Vitalsのステータスやモバイル対応状況がわかる「エクスペリエンス」、リッチリザルトや構造化マークアップの対応状況がわかる「拡張」の4つのサマリーが並んでいます。この中から気になるレポートの詳細を見ていきましょう。

▶ Search Consoleを確認する　図表62-1

https://search.google.com/search-console/

プロパティ（サイト）の選択画面が表示されたときは、確認したいサイトをクリックする

「サマリー」では、検索の合計クリック数やインデックス数、エラー状況など、現在のサイトの状態がおおまかに把握できる

230

○ メッセージや拡張レポートを確認する

Search Consoleに登録するとGoogleからのお知らせやアラートが届くようになります。メッセージは登録してあるメールアドレスに届いたメールか、Search Console画面右上の🔔マークから適宜確認してください。次に画面左側にある「エクスペリエンス」や「拡張」メニュー内の項目を見ます。ここには「ウェブに関する主な指標」（＝Core Web Vitals）やリッチリザルトのステータスレポートなど、サイトごとに該当する機能が表示され、それぞれのエラーなどを確認できます。もし問題が報告されていれば、開発担当者と相談して対策しましょう。

○ 自サイトへのリンク状況を確認する

左側のメニューにある「リンク」も便利な機能で、サイト内の各ページにどこから何本リンクされているのか被リンク状況が確認できるレポートです。企業サイトや中規模サイトであれば総リンク数は数万本程度が自然な数でしょう。リンク元ページがどこなのかは「上位のリンク元サイト」を確認しましょう。例えば、図表62-2の図ではhatena.ne.jpからのリンクが4,800本程度検出されており、サイト内のコラム記事がはてなブックマークで取り上げられたからだと推測できます。どのページがリンクされているかは「上位のリンクされているページ」で確認します。

▶「リンク」を確認する 図表62-2

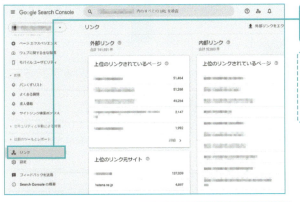

1 [リンク]をクリックします。

自サイトへのリンク数が多いサイトやより多くのリンクを集めているページが表示されます。

たまに身に覚えのない海外ドメインのリンク元が出てくることがあります。これは勝手にリンクされるもので多くの場合は問題なく、無効化される傾向にあるので特にアクションはとらなくてもよいでしょう。

Lesson ［インデックス状況の確認］

63 サイトのインデックス状況をSearch Consoleで調べよう

このレッスンのポイント

SEOの大前提としてまずはサイトがインデックスされていることが重要です。「**クローラーがサイトを巡回できているか**」「**エラーが起こっていないか**」「**インデックス数が十分か**」など見るべき項目を紹介します。

○「ページ」レポートでインデックス状況を確認する

左側の「インデックス作成」メニューにある「ページ」レポートを確認すると、サイトのインデックス状況がわかります。例えば、サイトに500ページあるのに「登録済み」が250ページしかなければ、Googleには半分しかインデックスされていないことになります。また特にページを減らしていないのに登録済みのグラフが急に下降していれば、何かサイトに問題が発生したことを意味します。

▶「ページ」レポートを確認する 図表63-1

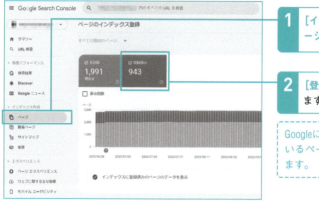

1 ［インデックス作成］の［ページ］をクリックします。

2 ［登録済み］をクリックします。

Googleにインデックスされているページの総数を確認できます。

新しくサイトを作ったとき、リニューアルしたときには特にしっかり確認しましょう。

○ クロールに失敗していないかを確認する

「ページ」レポートの下部ではページがインデックスに登録されなかった理由を把握できます。「ページがインデックス登録されなかった理由」には、404、ソフト404、サーバーエラー（5xx）などが表示されます 図表63-2 。エラー行をクリックすると詳細が表示されるので、定期的にチェックするようにしましょう。

▶ エラーを確認する 図表63-2

［ページ］の下方にインデックスに登録されなかった理由が表示されます。

○ 見つけたエラーに対処する

「ページ」レポートで見つかったエラーには対処が必要な場合もあります。大規模なサイトであればひときわ多く数字が出ているのは「見つかりませんでした（404）」というレポートだと思います。これは404（Not Found）の数です。本当にページがなくなって検索エンジンから削除したい場合は404を返すのが正解なので、ある程度の数が出るのは問題ありません。しかし、ありえないような大量の404エラーが何カ月も続く場合は原因を探ったほうがよいでしょう。例えば、何かの不具合で本当は404ではないのに404になっていたり、404なのにずっとサイト内のどこかからリンクされていたり、サイトマップに掲載されたままになっているなど何か原因があるかもしれません。「サーバーエラー（5XX）」では500などサーバー側のエラー状況がわかります。「ソフト404」は検索エンジンがページを見に行った結果、コンテンツがないページなのにサーバーから404が返ってこなかったという状況です。これらのエラーが起きた場合は、開発担当者に相談しましょう。

⭕ インデックスされなかったページをチェックする

「ページ」レポートの「ページがインデックスに登録されなかった理由」の一覧ではGoogleが意図的にインデックスに登録しなかったページの一覧も確認できます。「理由」欄が「代替ページ（適切なcanonicalタグあり）」「ページにリダイレクトがあります」「robots.txtによりブロックされました」など、多くは登録されなくてよいページです。

「クロール済み - インデックス未登録」では質の低いページを見つけることができます。よく見かけるのは0件のページやサイト内重複ページ、サイト内検索の意味のないワードページなどです。数が多い場合にはrobots.txt（レッスン52参照）でブロックしたり、canonicalタグ（レッスン54参照）で正規化したり、サイト内からのリンクやサイトマップを見直すなどの対処をしてもよいでしょう。一方で、もしインデックスしてほしいページなのにされていないことを見つけた場合はページの内容や内部リンク、canonicalタグの設定などをチェックしましょう。

⭕ Googleが認識しているページの内容を確認する

「URL検査機能」を使えば、Googleにインデックスされているか、されている場合はクローラーの前回クロール日やcanonicalの認識状況などをページ単位で確認できます 図表63-3 。また、「クロール済みのページを表示」をクリックすると画面右側の「HTML」タブにGoogleが取得したソースコードを確認できます。「その他の情報」タブ内の「ページのリソース」ではGoogleが読み込めなかったリソースが確認できます。サイト内の画像やJavaScriptなどのページの正しい描画に必要なリソースの読み込みに失敗していないか確認しましょう。Googleが最新のページをどのように認識するのかを確認するためには「公開URLをテスト」をクリックしてライブテストを行います。

▶ URL検査ツール
https://support.google.com/webmasters/answer/9012289?hl=ja

▶ Search Console でURL検査を行う 図表63-3

1 ページのURLを入力する

1 調査したいページURLを入力し、Enter キーを押します。

2 [URL検査]の結果を確認する

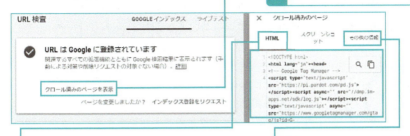

1 [クロール済みのページを表示]をクリックします。

2 [HTML]でGoogleが認識しているHTMLを表示し、JavaScriptで描画される内容やアコーディオン・ハンバーガーメニューの中身など必要な内容が抜けていないか確認します。

3 [その他の情報]でGoogleがページの描画に係わる重要なリソースの読み込みに失敗していないか確認します。

● Googleにクロールをリクエストする

「URL検査機能」の検査結果画面からGoogleにインデックス登録をリクエストすることもできます。新しいページを作ったり、ページを大幅に変更していち早くページをクロールしてほしい場合に活用できる機能です。

▶ GoogleにクロールしてほしいURLを送信する 図表63-4

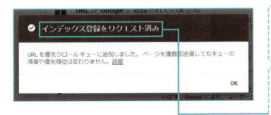

1 インデックスに送信する

ページがインデックス登録されていない場合は、「URLがGoogleに登録されていません」と表示されます。

1 [インデックス登録をリクエスト]をクリックします。

インデックス登録をテストする画面が表示されるので、しばらく待ちます。

「インデックス登録をリクエスト済み」と表示され、ページをクロールしてもらうためのリクエストが完了しました。

Lesson 64 ［検索パフォーマンス］
検索結果でのクリック状況や流入キーワードを把握しよう

このレッスンのポイント

Search Consoleの検索パフォーマンスレポートを使うことでGoogle検索経由のクリック数や順位変動、流入キーワードなどを簡単にチェックすることができます。しっかり活用しましょう。

○「検索結果」レポートで訪問者のキーワードを確認する

「検索パフォーマンス」の「検索結果」レポートでは過去16カ月間で自分のサイトがGoogleの検索結果に表示された際のキーワードや、検索結果上でクリックされた回数、クリック率（CTR）などが確認できます。まずは画面をスクロールして、「クエリ」レポートでどんなキーワードでサイトに訪問されているかを確認し、クリック数でどのくらい訪問されたかを把握します。そしてクリック率からクリックにつながらないキーワードの傾向を分析しましょう。特に自社ブランド関連のキーワードで掲載順位が上位なのにクリック率が低い場合は、検索結果の表示に何か課題があることが多いです。

▶ Search Consoleの「検索結果」レポート　図表64-1

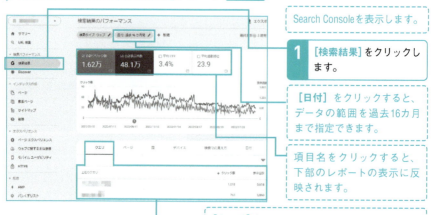

Search Consoleを表示します。

1. ［検索結果］をクリックします。

［日付］をクリックすると、データの範囲を過去16カ月まで指定できます。

項目名をクリックすると、下部のレポートの表示に反映されます。

［クエリ］をクリックし、サイトに訪問しているキーワードやクリック数などを確認できます。

Chapter 8 SEOの効果を分析してさらなる改善を進めよう

236

ページごとの流入キーワードを確認する

次はページごとのレポートを見てみましょう。例えばアユダンテのサイトでコラムページのみの状況に絞ってみたいと思います。図表64-2 の手順を参考に、[ページ]でコラムのURLに絞り込みます。するとコラムページの一覧になり、それぞれのコラム記事の掲載順位やクリック数が確認できます。さらにそこから特定のコラムに絞って流入キーワードを確認することもできます。アユダンテで人気があるコラムの1つは「Googleサービスの障害をいち早く確認できるページのご紹介」という記事ですが、その流入キーワードを見るとGoogleの障害関連が多いことが確認できます。それらのキーワードで検索し、検索結果を実際に確認してみると、いくつかの課題が見えてきます 図表64-3 。特にコンテンツの場合はそれぞれのページの流入キーワードと順位、CTRを細かく確認することで改善機会が見えてくるかもしれません。

▶ ページごとの流入キーワードを確認する 図表64-2

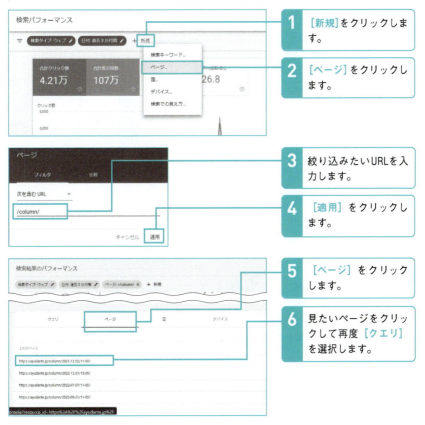

1 [新規]をクリックします。
2 [ページ]をクリックします。
3 絞り込みたいURLを入力します。
4 [適用]をクリックします。
5 [ページ]をクリックします。
6 見たいページをクリックして再度[クエリ]を選択します。

NEXT PAGE → 237

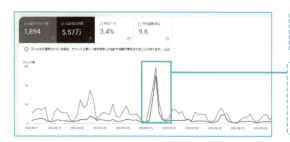

> Googleの障害に関するコラムページのみに絞りました。

> 流入が増加した日が確認できます。これは障害が起こった日で検索が急増したことが推定されます。

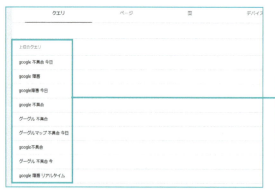

> 画面をスクロールすると、「クエリ」レポートで流入キーワード確認できます。障害に関連する言葉が多いことがわかります。

▶ 検索結果で実際の表示内容を確認 図表64-3

1 流入が多い「google 不具合 今日」の検索結果を実際にGoogleで確認してみます。

> 記事に「G Suite」（Google Workspaceに名称変更）と古いキーワードが残っていたり、日付も古いためリライトを検討してもよいでしょう。

○ 過去の数値と比較してみよう

　［日付］をクリックすると表示されるメニューには通常の期間指定に使う［フィルタ］のタブの隣に［比較］というタブも用意されています 図表64-4 。こちらを選択すると順位やクリック数などの数値を昨月比・昨年比など任意の期間と簡単に比較することができます。順位が大きく上がったクエリ順・大きく落ちたクエリ順など数値の差によって表の内容をソートすることもできるため、コンテンツのテコ入れにも役立てることができます。

▶ 過去の数値と比較する 図表64-4

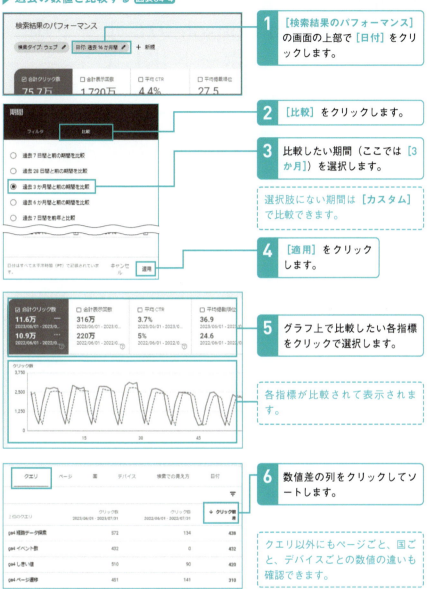

1. [検索結果のパフォーマンス] の画面の上部で [日付] をクリックします。

2. [比較] をクリックします。

3. 比較したい期間（ここでは [3か月]）を選択します。

選択肢にない期間は [カスタム] で比較できます。

4. [適用] をクリックします。

5. グラフ上で比較したい各指標をクリックで選択します。

各指標が比較されて表示されます。

6. 数値差の列をクリックしてソートします。

クエリ以外にもページごと、国ごと、デバイスごとの数値の違いも確認できます。

比較機能は [ページ] 項目でも行えます。例えば男性向け商品（/men/ を含む URL）と女性向け商品（/women/ を含む URL）のクエリの違いやクリック数の差を比較することも可能です。

Lesson 65 [Looker Studio]

Search Consoleのレポートをダッシュボード化しよう

このレッスンのポイント

Search Console の「検索パフォーマンス」レポートでよく見るデータをダッシュボード化しておくと、数値の推移や詳細の確認に便利です。ここではGoogleが無料提供するLooker Studio（旧データポータル）を使って作成します。

○ Looker Studioとは

ダッシュボードとは、よく見るデータを1カ所にまとめ、いつでもすぐに確認できるレポート画面の集約版のようなものです。Looker StudioはGoogleが無料で提供する、ダッシュボードを作成できるビジネスインテリジェンス（BI）ツールです。Googleデータポータル、Googleデータスタジオという名前の時期もありましたが、Google社によるLooker社の買収にともない2022年に現在の名前になりました。Looker StudioはGoogleアカウントがあれば無料で利用できます。またダッシュボードにはSearch Console以外にも様々なデータを表示できます。また、第三者とのレポートの共有が簡単にできる点も便利です。

▶ Looker Studio
https://lookerstudio.google.com/u/0/navigation/reporting

▶ Looker Studioのダッシュボードに表示できるデータ 図表65-1

○ Search ConsoleとLooker Studioを連携する

Search Console画面だけでも多くの気付きを得られますが、例えば検索クエリを表にしたり、キーワードとページを組み合わせたレポート、クリック数増減が一目でわかるレポートなどをダッシュボードにまとめておくととても便利です。

図表65-2 はSearch Console用のテンプレートからダッシュボードを作る方法です。連携後すぐに「結果上での表示回数・クリック数」推移を過去データと比較したり、表示回数が多いランディングページ・検索クエリを一目で確認できます 図表65-3 。

▶ テンプレートを使ってダッシュボードを作成する手順 図表65-2

Search Consoleの権限を持っているGoogleアカウントにログインしている状態でLooker Studio（https://lookerstudio.google.com/）にアクセスします。

1. [テンプレートを使って開始] の[Search Console Report] をクリックします。

ダッシュボードが表示されます。この状態ではサンプルデータが2つ読み込まれているので、それぞれ自分のデータに置換します。

2. [[Sample] Search Console Data (Site)] の [自分のデータを使用] をクリックしします。

3. 上の [データを置換] をクリックします。

初回利用時は、Looker Studioにデータのアクセス許可を求められるので認証してください。

4. [データのレポートへの追加] → [Search Console] を選択、連携するドメイン名をクリック、[サイトのインプレッション] → [Web] を選択し [追加] をクリックします。

手順2〜4を繰り返し、下の [データを置換] から、もう1つの [[Sample] Search Console Data (URL)] のサンプルデータも自分のデータと置換します。同じドメインの [URLのインプレッション] → [Web] を選択します。

▶ Search Consoleのダッシュボード例 図表65-3

データが置換されると、[データを置換]の右横にチェックマークが付きます。

1 [編集して共有]をクリックでレポートが作成・共有されます。

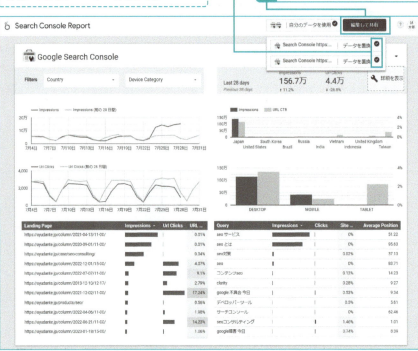

▶ 1行あたりの表示を変更 図表65-4

ダッシュボードを[編集]モードに切り替えてからグラフをクリックして選択すると、グラフの1ページあたりの表示行数を[50000]まで増やせる

グラフの設定メニューの末尾で表示件数を変更できます。

Search Console 上の「検索パフォーマンス」レポート画面では流入キーワードなどのデータについて1,000行までしか確認できませんが、Looker Studioを使えば最大50,000行まで確認できます。規模の大きいサイトでたくさんの流入キーワードを見たい場合には活用できそうです。

Lesson 66 ［Googleアナリティクスの設定］

Googleアナリティクスを正しく設定しよう

このレッスンのポイント

Search ConsoleでGoogleの流入状況を確認する方法を解説してきましたが、ここからはGoogleアナリティクスを使って検索エンジン全体の流入数や流入した後のパフォーマンスを確認する方法を説明します。

○ SEOの効果を確認するGoogleアナリティクスの導入

Search ConsoleだけでもSEOの分析は十分行うことができますが、Googleアナリティクスを使うと検索エンジンからサイトに訪れた後の顧客の行動も含めた分析が可能になります 図表66-1 。Search Consoleとあわせて、ぜひGoogleアナリティクスの計測設定も忘れず行いましょう。

▶ Googleアナリティクスを活用することで可能になるSEOの調査 図表66-1

- Googleに加えYahoo! JAPANやBingも含めた流入状況を比較する
- 新規訪問のきっかけとなった検索エンジンやランディングページを調べる
- 購入や申し込みが多く起こっているランディングページを調べる
- 検索から訪問したが滞在時間が極端に短いページを調べる
- 検索からの訪問した滞在時間が長すぎるページを見つける（コンテンツに興味を持っている可能性と、求める答えを見つけられず迷っている場合がある）

▶ Googleアナリティクス（GA4）のレポート画面 図表66-2

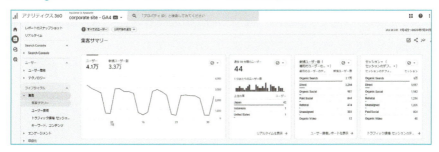

NEXT PAGE

Chapter 8 SEOの効果を分析してさらなる改善を進めよう

新しくなったGoogleアナリティクス

2023年7月、旧バージョンのGoogleアナリティクス（Universal Analytics）はサービスを終了し、新しいバージョンのGoogleアナリティクス4（GA4）へ移行しました。本書ではGA4でのGoogleアナリティクスを扱っていますが、説明上で両者の区別が必要な際は、GA4、Universal Analyticsと呼び分けます。

両者は別ツールになっており設定や操作方法、指標の定義も全く異なっており、経験者でさえ戸惑うことが多いようです。GA4についての理解をさらに深めたい方には、別書『いちばんやさしいGoogleアナリティクス4の教本』が参考になります。

Googleアナリティクスの計測を行うために必要な準備

SEOの効果計測を行うためのGoogleアナリティクスの活用方法について、大まかな流れを解説します。計測データは、過去にさかのぼって取得することはできないので早めに計測タグの設置だけでも終わらせておきましょう。具体的な設置方法は、公式ヘルプを参考にし、開発担当者と連携して進めましょう。

STEP 1：WebサイトのすべてのページにGoogleアナリティクスのタグを設置する

まずはWebサイト内のすべてのページにGoogleアナリティクスの計測タグを設置することでデータ収集の準備を行います。

▶ [GA4] アナリティクスで新しいウェブサイトまたはアプリのセットアップを行う
https://support.google.com/analytics/answer/9304153?hl=ja

STEP 2：モニタリングしたい行動をイベントとして設定する

先ほどの計測タグの設置を行うだけでページの閲覧や90%スクロール完了などのイベント計測は自動的に開始されますが、お問い合わせ完了や購入完了のようなイベント計測を行うためには手動による追加設定が必要です。

STEP 3：キーイベントを設定する

計測設定したイベントの中でお問い合わせの完了や購入完了のようなビジネスにとって重要なイベントをキーイベントとして扱う設定を行います。この設定により、検索エンジンからの流入の中でもビジネス目標への貢献度が高い流入をGoogleアナリティクス上で確認できるようになります。

> タグはGoogle タグマネージャーを通しての設置をおすすめします。今後の設定の管理や変更が楽になります。

Lesson 67 ［トラフィック獲得］
検索エンジンごとの集客状況を調べよう

このレッスンのポイント

Googleアナリティクスでは**各検索エンジンからの集客状況をオーガニック流入として確認することができます**。このレッスンではSEOで役に立つGoogleアナリティクスの主なレポートとその操作などについて解説します。

◯ 検索流入数は「トラフィック獲得」レポートで確認する

Googleアナリティクス4（GA4）の「トラフィック獲得」レポートを確認すれば、SEO対策による検索エンジンからの流入数の変動を調査できます 図表67-1。Universal Analyticsでは「集客」というレポートで確認できたデータになります。

▶ [GA4] ユーザー獲得レポート
https://support.google.com/analytics/answer/12922540?hl=ja

▶「トラフィック獲得」レポート 図表67-1

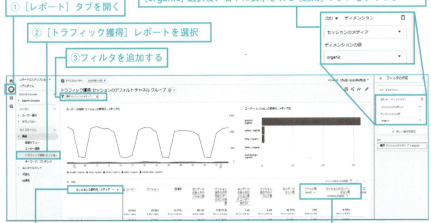

① [レポート] タブを開く
② [トラフィック獲得] レポートを選択
③ フィルタを追加する
④ フィルタの内容で検索エンジンからの集客情報に絞り込む。[ディメンション] は [セッションのメディア]、[ディメンションの値] は [organic] 選択後、右下に表示される [適用] ボタンをクリック
⑤ ディメンションを選択する。ここでは [セッションの参照元 / メディア] を選択
⑥ 数値を見たいイベント名、キーイベント名を選択

NEXT PAGE 245

● 新規訪問者の流入を「ユーザー獲得」レポートで調べる

［トラフィック獲得］レポートでは流入ごとのデータを確認できましたが、［ユーザー獲得］レポートを使えば訪問者が初めてサイトに訪れたときに使われた検索エンジン別のデータを確認できます 図表67-2 。初訪問なので、サイトを知ってもらったという認知獲得の観点からの分析にとても便利なレポートです。

▶「ユーザー獲得」レポート 図表67-2

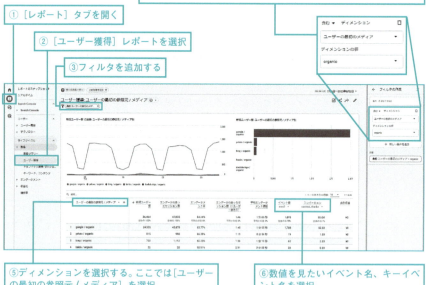

① ［レポート］タブを開く
② ［ユーザー獲得］レポートを選択
③ フィルタを追加する
④ フィルタの内容で検索エンジンからの集客情報に絞り込む。［ディメンション］に［ユーザーの最初のメディア］を、［ディメンションの値］に［organic］を選択後、右下に表示される［適用］ボタンをクリック
⑤ ディメンションを選択する。ここでは［ユーザーの最初の参照元 / メディア］を選択
⑥ 数値を見たいイベント名、キーイベント名を選択

キーイベント数は比較や傾向分析のための指標として使いましょう。最初の流入からキーイベント発生までの期間が長い場合、iPhoneに搭載されているITP（［サイト越えトラッキングを防ぐ］設定）のようなブラウザ側のプライバシー保護機能により、SEOの成果としてカウントされないキーイベントも多いです。

◯ 主な指標の内容を理解する

SEOの効果を見るときによく使うGA4の指標の意味についても紹介します 図表67-3 。Universal Analyticsで使われていた指標と同じ名前でも意味が変わっているのでこれまでのGoogleアナリティクスを使い慣れていた方ほど注意が必要です。

▶ レポートの指標 図表67-3

指標	説明
ユーザー	アクティブユーザー数。具体的には1秒以上のサイトの閲覧、あるいはエンゲージメント（10秒以上のサイト閲覧、訪問中にキーイベントあり、2ページ以上の閲覧のいずれか）が発生したユーザーの数。サイトに訪れて即座に離脱した場合はカウントされない場合がある
新規ユーザー数	サイトに初めてアクセスしたユーザーの数。Cookieの削除によりサイトへの訪問歴が確認できないユーザーも含む
セッション	訪問数。1つのセッションは、サイト訪問者が30分間サイト操作を行わなかったときに終了する
エンゲージのあったセッション数	エンゲージメントがあった訪問数 ※「エンゲージメント」の意味については表内「ユーザー」欄の説明を参照
エンゲージメント率	エンゲージのあった訪問数÷訪問数×100
セッションあたりの平均エンゲージメント時間	1つの訪問あたりの平均滞在時間（ページを開いたまま別のサイトやアプリを見ていた時間は計算対象外）

◯ オーガニックの数字に広告の数字が混ざらないようにする

Google広告やYahoo!広告のような広告を実施しているサイトでは、広告側での対応を行わないと広告からの流入がオーガニックからの流入（検索エンジンからの流入）として計測されてしまう場合があります。オーガニック流入の正確な数値を計測するために、次のような対応が必要です。

Google 広告の場合

Google広告とGoogleアナリティクスを連携することでGoogle広告を有料検索メディアとして計測することが可能です。作業を行うアカウントにはGA4プロパティの編集者権限とGoogle広告の管理者権限が必要です。

▶ [GA4] Google 広告とアナリティクスをリンクする
https://support.google.com/analytics/answer/9379420?hl=ja

NEXT PAGE ➡ | 247

Yahoo!広告などその他の広告の場合

広告側で広告をクリックしてページを開いたときのURLにutmパラメータと呼ばれるキャンペーン計測用のパラメータが反映されるように設定します。

例えば、Yahoo!広告からの流入をYahoo! JAPANからのオーガニック流入と区別するためには、広告をクリックしたときのURLが以下のようになるように対応します。

▶ utmパラメータが反映されたYahoo!広告からのリンク先URLの例 図表67-4

```
https://example.com/campaign/?utm_source=yahoo&utm_medium=cpc&utm_campaign=summer_2024
```

▶ パラメータの種類と記入例 図表67-5

パラメータ名	レポート表示名	説明	値の例
utm_source	参照元	流入元のサイト名やサービス名、アプリ名	yahoo / line / facebook / mailmagazine
utm_medium	メディア	流入元のタイプ	cpc / display / social / email
utm_campaign	キャンペーン	流入元のキャンペーン名	任意のキャンペーン名

▶ カスタム URL でキャンペーン データを収集する
https://support.google.com/analytics/answer/1033863?hl=ja

utm パラメータなどを使ったオーガニック流入と広告の分離は、以前の Google アナリティクス（Universal Analytics）でも必須でした。GA4 になって引き続き漏れがないか確認しましょう。流入が増えた！ と思ったら広告によるものだったということが起こってしまいます。

Googleアナリティクス上でSearch Consoleのデータを見る

Search Consoleと連携すればGoogle アナリティクスのレポート上でSearch Consoleの検索パフォーマンスレポートの数値を確認できるようになります。

連携設定によりGoogleアナリティクス上で確認できるようになる「Googleオーガニック検索」レポートでは、Search Consoleの「検索結果のパフォーマンス」レポートの［ページ］［国］［デバイス］タブで見ることができる順位や表示回数などの情報と、Googleアナリティクス側で取得したセッション数やキーイベント数などの情報を1つの表で並べて確認できます 図表67-6。例えばGoogle検索上での表示回数は多いのにエンゲージメント時間（滞在時間）が極端に短いページを見つけてリライトの対象とする、Google検索経由でサイトに訪れたあとに「申し込み」のようなコンバージョンにつながりやすい重要なページを確認するなどの活用ができます。

▶「Googleオーガニック検索」レポート 図表67-6

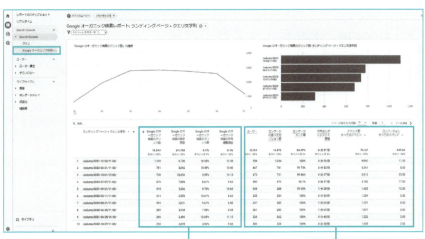

表の左側がSearch Consoleから取得したデータ、右側がGA4から取得したデータ

Search Console のデータ

Google アナリティクスのデータ

Search Console へのアクセス権を持っていない人への簡易な数値共有手段としても便利です。

◯ GoogleアナリティクスとSearch Consoleの連携

連携の設定は、GA4プロパティの編集権限とSearch Consoleの確認済みオーナー権限を持っているGoogleアカウントから作業します。1つのSearch Consoleプロパティは1つのGA4プロパティにのみ連携可能です。

▶ **Search Consoleの画面** 図表67-7

1 Search ConsoleでGA4の連携を行う

1 左下の［設定］をクリックします。

2 ［設定］→［全般設定］の［協力者］をクリックします。

次に表示される画面の［関連付ける］から、連携したいGA4プロパティを選択します。

2 Googleアナリティクス側の設定

1 ［レポート］→［ライブラリ］をクリックします。

2 ［コレクション］の［Search Console］の右上の［:］をクリックし［公開］をクリックします。

レポートの中に「Search Console」の項目が追加され、連携した内容が閲覧できるようになります。

▶ **[GA4] Search Console との統合**
https://support.google.com/analytics/answer/10737381?hl=ja

GA4を扱えるようになると分析の幅が広がります。少しずつ慣れていきましょう。

Appendix

E-E-A-T対応チェックリスト

本書オリジナルで、E-E-A-Tを満たすために確認すべき項目をで作成しました。サイト改善へお役立てください。

サイト単位でやるべき施策チェック

		チェック内容
安全性	☐	サイトがHTTPS化されているか
	☐	サイトにセキュリティのリスクがないか
	☐	ユーザーを騙すような虚偽の内容を掲載していないか
会社情報	☐	会社情報へのリンクが全ページにあるか
	☐	会社情報の内容が充実しているか（会社名、代表者名、住所、沿革、決算情報など）
	☐	会社情報ページにその会社の経験値や専門性が具体的に明記されているか
	☐	会社情報が構造化データでマークアップされているか
	☐	会社や運営会社のナレッジパネルが生成されているか
情報提供	☐	お問い合わせ先へのリンクがわかりやすく、全ページにあるか
	☐	ECサイトは支払い方法、送料、返品説明のページがあるか、内容が充実しているか
	☐	個人情報の取り扱いやプライバシーポリシーについてのページがあるか
運営保守	☐	掲示板やユーザー投稿などUGC（ユーザーが生成したコンテンツ）がある場合、運営者によりしっかりモニタリング、管理されているか
	☐	カートや計算など必要なサイト内の機能がしっかり動いているか
内部施策	☐	ページのメインコンテンツ（記事本文や商品情報などそのページのメインの内容）、ナビゲーション、広告が明確に分かれているか
	☐	メインコンテンツの量が十分にあるか（記事の本文よりナビゲーションや広告など他の要素量のほうが多くないか）
	☐	モバイルフレンドリー（スマホでの使いやすさ）が考慮されているか
	☐	サイトが使いやすいか、UXやユーザビリティが考慮されているか
	☐	ドメイン内にリンク切れや404ページが大量にないか
	☐	ドメイン内に内容が薄いページや重複ページが大量にないか
	☐	操作を阻害するような広告がメインエリアに大量にないか
	☐	ユーザーを欺いたり強制的にクリックさせるような広告がないか
	☐	広告とスポンサーが付いているコンテンツははっきりと見分けられるか
	☐	操作を阻害し、簡単に閉じられないインターステイシャルやポップアップがないか
	☐	スクロールとともに追いかけてきて閉じられないポップアップや広告がないか
外部施策	☐	関連性が高く有益な外部からの被リンクがあるか
	☐	急に増える、キーワード1語、関連性がないなど不自然な被リンクがないか
	☐	運営企業に関するWeb上のサイテーション（言及）が十分あるか
	☐	Google ビジネスプロフィールに良い口コミがあるか、ネガティブなものが多くないか
	☐	Webサイト全般やソーシャルメディアなどサイト外において良い記事や投稿があるか、ネガティブなものが多くないか
	☐	サイトがGoogleの手動の対策などのペナルティを受けていないか
	☐	運営企業名やブランドに関する指名検索が増加しているか
	☐	過去に運営企業の評判を落とすようなことをし、履歴に残っていないか（不正行為など）

NEXT PAGE →

付録

記事や商品／サービスなどコンテンツでやるべき施策チェック

	チェック内容
検索ニーズ	☐ ユーザーの検索ニーズを理解しているか（例：老眼鏡と検索するユーザーのニーズは買いたいのかお店に行きたいのか、選び方を知りたいのか）
	☐ 検索ニーズを理解したコンテンツの内容になっているか
品質・内容	☐ 高品質な内容のコンテンツが存在するか
	☐ コピーではないオリジナルのコンテンツを掲載しているか
	☐ 著作権侵害を行っていないか（文章、画像など）
	☐ コンテンツの背景や根拠が明確か、独自調査などを十分に行っているか
	☐ メリット、デメリットがどちらも記載され客観的な情報になっているか
	☐ コンテンツに誤字脱字がないか
	☐ 多言語の場合に質の高い翻訳になっているか
	☐ 最新情報に更新されているか
	☐ （テーマによって）体験談などの経験が盛り込まれているか
	☐ （テーマによって）業界での位置付けや知名度など権威性が具体的に示されているか
	☐ 専門領域以外のコンテンツが多くないか（病院のサイトなのに趣味の食べ歩きのブログ記事を設けるなど）
	☐ AIにライティングさせた記事をそのまま使っていないか
著者	☐ 権威性・専門性・経験のある著者が記事を書いているか、または監修しているか
	☐ 著者や監修者の経歴や所属企業、専門分野、登壇／受賞歴などをまとめたプロフィールページがあるか
	☐ 編集部が著者の場合、どんなメンバーがいてどのような経験や専門性を持っているかが記載されているか
	☐ 著者情報が構造化データでマークアップされているか
	☐ 著者のナレッジパネルが生成されているか
リンク・言及	☐ アフィリエイトリンクがある場合はrel="sponsored"属性が使われていて、文章でもアフィリエイトリンクがあることが明記されているか
	☐ 専門性が重要なコンテンツは信頼性や権威性がある外部リソースを使用し、その引用元情報が明記されているか
	☐ ソーシャルメディアにコンテンツを投稿し、記事や著者についてサイテーション（言及）を獲得できているか
ECサイト	☐ 商品やサービスページに豊富でオリジナルな説明文があるか
	☐ 商品やサービスページにオリジナルで高画質な写真があるか
	☐ 商品やサービスページにスタッフの使用感、試着感などの経験が載っているか
	☐ 商品やサービスを利用したユーザーのレビューや体験談が掲載されているか

索引

数字・アルファベット

301リダイレクト	193, 194, 195
302リダイレクト	212
404エラー	233
AI	30, 169, 181, 184
AI Overview（旧SGE）	31
alt属性	128
Bing	18
Bing Webマスターツール	229
canonical	203, 205, 212, 221
ChatGPT	30, 32
Copilot（旧Bingチャット）	30
Core Web Vitals	213
CTA	113
CTR	22
ECサイト	29, 68, 69
E-E-A-T	28, 29, 154
GA4	244, 245
Gemini（旧Bard）	30
Google Discover	78
Googleアナリティクス	244, 247
Googleビジネスプロフィール	149, 150
Googleマップ	149
headタグ	172, 194, 201, 202, 212
h1タグ	101, 106, 113, 117, 119
HTML	101, 123
hreflang	187
JavaScript	217
Keyword Tool	41
Lighthouse	216
Looker Studio	240
meta description	111, 119-121
MFI	27
Microsoft Clarity	170-172
nofollow	135, 142
noindex	202
OGP	145
PageSpeed Insights	215
rel属性	135
robots.txt	198, 200
Search Console	227, 230, 240
SEO	12, 13
SPA	218
titleタグ	111, 119, 120
UGC	71
URL	186
URL検査	234
UX	219
X（旧Twitter）	141-142, 174
XMind	161
Yahoo! JAPAN	18
YouTube	141

あ

アウトバウンドリンク	136
アクセシビリティ	101
アコーディオンメニュー	107
アノテーション	187, 212
アフィリエイト	135, 136
アルゴリズム	13, 77
アンカーテキスト	101
インタースティシャル	104
インデックス	111, 202, 203, 232
インバウンドリンク	132, 136
エイリアス	63
エンティティ	24
オーガニック流入	245

か

外部施策	132, 133
画像検索	126, 127
カテゴリページ	55, 94, 108, 109
カニバリゼーション	94
カノニカル	205, 212
カルーセル	107
キービジュアル	106
キーワード調査	17, 74, 146
キーワードツール	39
キーワードプランナー	40, 41, 159
疑似静的URL	190
強調スニペット	25

クラスタリング	94
クリック率	119, 176, 236
グローバルナビゲーション	102
クローラー	19, 196, 200
クロールバジェット	196
検索意図	34, 35
検索エンジン	13, 18
検索結果	18, 19, 20
検索ニーズ	36
検索パフォーマンス	230, 236
構成案	161, 168
構造化データ	122, 123
コンテンツマーケティング	154, 157
コンバージョン率	213

さ

サイテーション	133, 142
サイト内検索	199, 203
サイトマップ	207
サイトリンク	23, 24
サジェストツール	41
サブディレクトリ	187, 211
サブドメイン	186, 187, 211
自然検索	21
手動による対策	134-135, 137-138
スニペット	119
スモールワード	38
セパレート	97, 212
ゼロクリック	23
ソーシャルボタン	74, 117
ソーシャルメディア	144, 152
ソフト404	198

た

ダイナミックサービング	211
タグ	59, 73
重複コンテンツ	204, 206
著者情報	118
デベロッパーツール	99, 194
動画検索	126, 128
動的URL	190
動的配信	211
トップページ	21, 22

ドメイン	186
トラッキングパラメータ	199

な・は

内部施策	17
ナビゲーション	98, 102, 103
ナレッジグラフ	24
派生語	35, 46, 51
パンくずリスト	110, 111, 113
ハンバーガーメニュー	103
ヒートマップツール	170
ビッグワード	37
否認ツール	139
非表示コンテンツ	103
ビューポート	97
表示速度	213, 215
被リンク	132
ファーストビュー	100
フラグメント	186, 191
ページネーション	111, 120, 199, 220
ペナルティ	134
ポリシー違反	134, 136, 137

ま

マークアップ	122, 123, 124
マイクロモーメント	26
マルチアサイン	61
ミディアムワード	37
無限スクロール	220, 221
モバイルファーストインデックス	27
モバイルフレンドリー	27, 97

や・ら

ユーザビリティ	97, 112, 170
ユニバーサル検索	23, 24
読み物系ページ	157, 182
ラッコキーワード	48, 146, 159
ランディングページ	104
リダイレクト	192
リッチリザルト	25, 122-125
レスポンシブWebデザイン	97, 210
ローカル検索	149
ローカルパック	25, 149
ロングテール	38

スタッフリスト

執筆協力	アユダンテ株式会社
ブックデザイン	米倉英弘（細山田デザイン事務所）
カバー・本文イラスト	東海林巨樹
写真撮影	蔭山一広（panorama house）
編集・DTP	宮崎綾子（アマルゴン）
本文作図協力	本石好児（STUDIO d^3）
校正	株式会社聚珍社
デザイン制作室	今津幸弘
編集	今井あかね
デスク	今村享嗣
編集長	柳沼俊宏

本書のご感想をぜひお寄せください
https://book.impress.co.jp/books/1123101032

読者登録サービス CLUB impress

アンケート回答者の中から、抽選で図書カード（1,000円分）
などを毎月プレゼント。
当選者の発表は賞品の発送をもって代えさせていただきます。
※プレゼントの賞品は変更になる場合があります。

■商品に関する問い合わせ先

このたびは弊社商品をご購入いただきありがとうございます。本書の内容などに関するお問い合わせは、下記のURLまたは二次元バーコードにある問い合わせフォームからお送りください。

https://book.impress.co.jp/info/

上記フォームがご利用いただけない場合のメールでの問い合わせ先
info@impress.co.jp

※お問い合わせの際は、書名、ISBN、お名前、お電話番号、メールアドレス に加えて、「該当するページ」と「具体的なご質問内容」「お使いの動作環境」を必ずご明記ください。なお、本書の範囲を超えるご質問にはお答えできないのでご了承ください。

● 電話や FAX でのご質問には対応しておりません。また、封書でのお問い合わせは回答までに日数をいただく場合があります。あらかじめご了承ください。
● インプレスブックスの本書情報ページ https://book.impress.co.jp/books/1123101032 では、本書のサポート情報や正誤表・訂正情報などを提供しています。あわせてご確認ください。
● 本書の奥付に記載されている初版発行日から 3 年が経過した場合、もしくは本書で紹介している製品やサービスについて提供会社によるサポートが終了した場合はご質問にお答えできない場合があります。

■落丁・乱丁本などの問い合わせ先
FAX 03-6837-5023
service@impress.co.jp
※古書店で購入された商品はお取り替えできません。

いちばんやさしい新しいSEOの教本 第3版
人気講師が教える検索に強いサイトの作り方 E-E-A-T対応

2023 年 11 月 21 日 初版発行
2025 年 7 月 1 日 第 1 版第 3 刷発行

著 者	江沢真紀、コガン・ポリーナ、西村彰悟
発行人	高橋隆志
発行所	株式会社インプレス 〒 101-0051 東京都千代田区神田神保町一丁目 105 番地 ホームページ https://book.impress.co.jp/
印刷所	株式会社ウイル・コーポレーション

本書は著作権法上の保護を受けています。本書の一部あるいは全部について(ソフトウェア及びプログラムを含む)、株式会社インプレスから文書による許諾を得ずに、いかなる方法においても無断で複写、複製することは禁じられています。

Copyright © 2023 Ayudante, Inc. All rights reserved.
ISBN978-4-295-01806-3 C3055
Printed in Japan